Lúcia Meili

O RH
COMO TRANSFORMADOR
DE VIDAS E EMPRESAS

Desenvolvendo talentos e impulsionando o sucesso empresarial

Literare Books
INTERNATIONAL
BRASIL · EUROPA · USA · JAPÃO

Copyright© 2023 by Literare Books International
Todos os direitos desta edição são reservados à Literare Books International.

Presidente:
Mauricio Sita

Vice-presidente:
Alessandra Ksenhuck

Chief Product Officer:
Julyana Rosa

Diretora de projetos:
Gleide Santos

Capa e diagramação:
Candido Ferreira Jr.

Entrevistas:
Even Sacchi

Revisão:
Ivani Rezende e Rodrigo Rainho

Chief Sales Officer:
Claudia Pires

Impressão:
Gráfica Paym

Dados Internacionais de Catalogação na Publicação (CIP)
(eDOC BRASIL, Belo Horizonte/MG)

M513r   Meili, Lúcia.
　　　　　O RH como transformador de vidas e empresas: desenvolvendo talentos e impulsionando o sucesso empresarial / Lúcia Meili. – São Paulo, SP: Literare Books International, 2023.
　　　　　264 p. : foto. ; 16 x 23 cm

　　　　　Inclui bibliografia
　　　　　ISBN 978-65-5922-641-2

　　　　　1. Recursos humanos. 2. Desenvolvimento organizacional. I.Título.

CDD 658.406

Elaborado por Maurício Amormino Júnior – CRB6/2422

Literare Books International
Alameda dos Guatás, 102 – Saúde – São Paulo, SP.
CEP 04053-040
Fone: +55 (0**11) 2659-0968
site: www.literarebooks.com.br
e-mail: literare@literarebooks.com.br

"Nunca saberemos o quão forte somos, até que ser forte seja a única escolha." [1]

---
1 Autor desconhecido.

AGRADECIMENTOS

Sou muito grata à minha família, especialmente ao meu pai, que me ensinou o amor pela educação, e à minha irmã Clara, que sempre esteve ao meu lado; a todos os grandes mestres que muito me inspiraram a abraçar essa carreira fascinante da Gestão de Pessoas e a todos os que aceitaram generosamente dividir suas experiências e aprendizados nesta obra.

Agradeço com particular referência a Nelson Savioli, um *expert* na Gestão Humana que me deu a honra de assinar o prefácio deste livro, e à Adele Lynn, cujo aval e participação nestas páginas me encheram de alegria.

Sou o que sou hoje porque essas pessoas extraordinárias passaram pela minha vida e colaboraram comigo, me permitindo colaborar com eles também, numa frutífera via de mão dupla. Por esta razão, expresso a cada uma delas minha profunda gratidão.

Dedico esta obra aos meus filhos Leandro e Bruno, que sempre me incentivaram em minhas iniciativas nessa jornada, e à minha neta Lara, que trouxe muita luz à nossa família.

SUMÁRIO

Prefácio... 9

Apresentação 11

PARTE 1 – MOMENTOS DE VIDA E CARREIRA

Capítulo 1. Raízes da infância..19

Capítulo 2. Meu pai e o amor pela educação 23

Capítulo 3. Início da caminhada no RH 27

Capítulo 4. Johnson & Johnson, um capítulo à parte......................... 33

Capítulo 5. Coragem ou falta de opção? 45

Capítulo 6. Com a palavra, Leandro Meili 49

Capítulo 7. Com a palavra, Bruno Meili..55

PARTE 2 – CULTURA ORGANIZACIONAL E AÇÕES DO RH

Introdução 61

Capítulo 1. O valor da Inteligência Emocional.....................................67

Capítulo 2. O RH e a inovação nas organizações 75

Capítulo 3. Em busca do propósito, o *script* da sua vida..................81

Capítulo 4. Verdadeiros líderes estão sempre aprendendo 87

Capítulo 5. Assédio moral e sexual: *Compliance* é só um castelo de cartas?........103

Capítulo 6. *Great resignation*, demissão silenciosa e a cura do trabalho.........109

Capítulo 7. Seja dono do seu passe 123

PARTE 3 – *CASES* DE CARREIRA E DE EMPRESAS
CASES DE CARREIRA

Introdução 137
Capítulo 1. Xô, medo! 141
Capítulo 2. Mudança de rumo 149
Capítulo 3. O coelho da cartola 157
Capítulo 4. No *front* 165
Capítulo 5. Interesse genuíno pelas pessoas 171
Capítulo 6. Oxigênio para subir a cordilheira 177

CASES DE EMPRESAS
CASE MPD

Capítulo 1. O RH traduzido nos valores e no resultado financeiro 189
Capítulo 2. Com a palavra, Mauro Dottori 195
Capítulo 3. Com a palavra, Mauro Santi 205
Capítulo 4. Com a palavra, Milton Meyer 215
Capítulo 5. Projetos e treinamentos com personalidade 223
Capítulo 6. Uma pedrinha no lago 237

CASE DUBAI

Capítulo 1. RH para o crescimento conjunto e sustentável 243
Capítulo 2. Com a palavra, Israel Carmona de Souza 247
Capítulo 3. Com a palavra, Arthur Luiz Ramos 255

Capítulo final 263

PREFÁCIO

Fiquei duplamente feliz ao saber que Lúcia Meili estava preparando um livro sobre sua vitoriosa carreira. Primeiro, por ter notícia mais atualizada dessa profissional, pois trabalhamos juntos nos anos 1980, uma época de ouro da Johnson & Johnson no Brasil; segundo, por lembrar que a empresa, conhecida por seu posicionamento ético em suas *interfaces* com os brasileiros, estava em expansão precisando desenvolver precocemente gerentes-gerais para suas diversas linhas de negócio, assim como potenciais para as áreas de apoio. Foi um período fervilhante!

As autobiografias podem ser volumosas, como o *Livro de Jô*, de Jô Soares, publicado em dois volumes, com suas 812 páginas sobre sua história e suas centenas de *"causos"*, ou podem ser sucintas, encapsuladas em uma única mensagem, como a tabuleta fincada ao lado da estrada de terra e que tinha estas palavras: *"Passou por aqui"*. Neste caso, os curiosos precisavam conversar com os habitantes do povoado para saber quem e por que escrevera aquilo. A Lúcia encontrou o tamanho ideal para o seu *"O RH como transformador de vidas e empresas"* autobiográfico, dosando espaço para seus antepassados, sua formação e depoimentos de familiares, colegas de trabalho, professores e clientes de várias épocas.

O último segmento da sua obra é composto de densos e atrativos *cases* de carreiras e de empresas que com ela trabalharam, inclusive na sua fase atual de carreira solo como consultora, *coach* e mentora. As narrativas e os comentários da Lúcia vão se encaixando, para formar um *"filme"* atraente de sua trajetória, como expoente do universo da Gestão Humana no país.

Creio que as autobiografias são uma forma de agradecimento à sociedade pelo uso do tecido social para documentar a transformação de sonhos em realidade. Lúcia mostra cumprir esse mantra ao escrever com objetividade e sentimento.

Longa vida para *"O RH como transformador de vidas e empresas"* e para sua competente autora!

Nelson Savioli
Prêmio Georges Petitpas 2020, da WFPMA - Federação Mundial de Associações de Gestão de Pessoas.

APRESENTAÇÃO

Com alegria e entusiasmo, apresento esta obra a vocês, caros leitores. Numa narrativa sincera e recheada de *"causos"*, pretendo contar os marcos de minha vida e carreira permeados por muitas histórias de transformação proporcionadas pelo RH, que na verdade prefiro chamar de Gestão Humana. Mas não se pode negar que RH é um termo compreendido de forma mais universal, então, o usarei também.

O propósito é mostrar, através dos relatos, o impacto que as ações de RH tiveram nas pessoas e nos negócios ao longo da minha trajetória.

Encaro o trabalho na área de RH como uma missão, a de colaborar com a transformação das organizações em melhores lugares para se trabalhar, onde o respeito ao ser humano é o pilar de sustentação dos negócios.

O livro *"RH como transformador de vidas e empresas"* traz as perspectivas de pessoas e empresas com as quais tive o privilégio de trabalhar. Aliás, um ponto marcante na minha vida foi quando recebi um *e-mail* de um consultor americano informando que eu havia sido indicada para realizar um trabalho nos Estados Unidos sobre Inteligência Emocional, esse que se tornou um dos desafios mais importantes da minha carreira, pois me propiciou uma experiência única sobre o tema, que norteou e continua norteando muitas das minhas ações pessoais e profissionais, e que é uma das minhas áreas de *expertise*. Bem, sobre o *e-mail*, o interlocutor me perguntou se eu era a pessoa certa para fazer aquele *job*, e, como eu vi que era uma oportunidade maravilhosa e que estava preparada, simplesmente respondi: *"Yes, I am!".*

Cada um de vocês também pode dizer um sonoro *"sim, eu sou"* e brilhar do seu jeito. Mas planeje seus passos e se prepare para perseguir suas metas e os desafios que certamente aparecerão. Foi assim minha vida inteira! Quando quero tornar um ideal realidade, me empenho para cumprir o propósito sem impor limites à procura da perfeição. Nada de agir como o voltar de um pião errático, mas com disciplina e vencendo as fraquezas – só dessa forma conseguimos ter uma perspectiva radiante de sucesso e não ilusões mágicas.

Sou apaixonada pelo meu trabalho com o desenvolvimento de líderes – minha outra área de *expertise* – baseado especialmente na Inteligência Emocional, e falo aqui sobre experiências e aprendizados nessa jornada. Sou testemunha do impacto da Gestão Humana na vida das pessoas e das empresas, sendo esse o principal foco desta obra. Você conhecerá currículos vivos de gente que passou e continua passando pela minha vida. Vou me utilizar, inicialmente, de fragmentos de minha memória, com o intuito de falar a respeito da caminhada no RH sob a ótica da integralidade do ser. Não somos somente profissionais, antes, somos pessoas com nossas histórias, família, amigos, acertos e falhas. Vocês terão uma visão das pessoas que foram meus empregadores, pares, líderes, mentores e meus subordinados. Quem é mais importante? Todos! A complementaridade é que vale a pena; afinal, todos e cada um são importantes dentro de uma corporação. Vejo as empresas – e nossas vidas – como uma orquestra em que cada instrumento tem que dar a nota certa no momento certo para criar a harmonização.

Quando entrei no mercado de trabalho, nos anos 1980, eram poucas as mulheres que ocupavam posições de liderança. Felizmente, iniciei minha carreira em uma empresa multinacional canadense, a Massey Ferguson, que já possuía uma visão de Recursos Humanos bem consolidada, e tinha uma gestão feminina. Comecei na área de treinamento e desenvolvimento, e logo no início tive a confiança da minha gestora, Elizabeth Stiebler, para elaborar e ministrar um treinamento a um grupo de gerentes. Essa experiência foi muito relevante, pois fortaleceu a minha convicção sobre o tipo de trabalho que decidi abraçar na minha vida.

A meu ver, o papel dos profissionais de RH vai muito além de implantar programas de Gestão Humana, consiste em conscientizar os gestores quanto à sua responsabilidade no que diz respeito às pessoas que estão sob sua tutela. Trata-se de uma responsabilidade social, não apenas em relação aos colaboradores, como também em relação à família deles e quanto ao seu bem-estar físico, intelectual e emocional. Falo aqui sobre o valor do ser humano.

A missão do RH nas organizações é de suma importância, e a partir do momento que tiverem ciência da relevância do protagonismo que essa área possui, certamente mais empresas serão não somente locais que produzem algo ou prestam serviços, mas locais que colaboram com a formação de uma sociedade mais igualitária, onde as pessoas têm a oportunidade de desenvolver seus talentos, contribuir para a evolução de sua comunidade e, consequentemente, da cidade e do país onde vivem. Todos somos responsáveis por isso, pois todos nós, a todo momento, estamos impactando a vida das outras pessoas, positiva ou negativamente. Então, que façamos o melhor! Em vez de reclamar das circunstâncias, devemos sempre nos perguntar o que podemos fazer para tornar o mundo um lugar favorável ao aprimoramento de todos como seres humanos. Especialmente por essa faceta da Gestão Humana que tenho o coração afiado no amor à profissão, capaz de transformar tantas vidas no ambiente corporativo. Afinal, lutamos para acertar os salários de todos, descrever cargos, dar plano de saúde, implantar programas etc. E para que servem todas essas ações? Tudo isso tem que ser a base para dar oportunidade às pessoas de se sentirem mais satisfeitas e para que a empresa tenha bons negócios mediante uma administração em que a justiça no trabalho é levada em conta. *Compliance* e ESG não podem ser só de fachada, e o papel do RH neste ponto também é crucial. As ações no setor de Gente e Gestão devem gerar um círculo virtuoso onde empresa e colaborador dão o seu melhor, criam engajamento, promovem inovação e impactam positivamente os negócios, a vida de todos e do planeta.

Uma empresa que preza pelas pessoas cuida de promover e manter um ambiente saudável, com respeito e valorização, sendo o RH um facilitador para a criação desse ambiente. É fato conhecido que as empresas que mais valorizam sua gente são também as que demonstram resultados financeiros mais consistentes.

Trilhando essa linha, compartilho alguns *insights* sobre as responsabilidades e os instrumentos do setor de Gente e Gestão, expressando meus pensamentos em minha longa caminhada no RH, que começou quando eu tinha 21 anos de idade. Sim, é uma longa jornada, que me deu uma grande bagagem, sem dúvida, porém, o mais importante não são os anos de vivência, mas o que eu fiz e o que ainda posso fazer com essa experiência e com esse aprendizado.

Durante minha carreira, muitas oportunidades surgiram, e conheci pessoas realmente diferenciadas, como Adele Lynn, com quem tive o privilégio de trabalhar no Brasil e nos Estados Unidos, usando os conceitos sobre Inteligência Emocional nas organizações; conheci e trabalhei com Steve Farber nos Estados Unidos, um escritor e consultor de liderança, ex-integrante da equipe de Tom Peters – considerado um mestre na gestão humanizada dos negócios e na formação de lideranças –, e ainda encontrei Kenneth Blanchard, outro grande mestre da Gestão Humana.

Eu me sinto privilegiada por ter absorvido os conhecimentos que acumulei, impulsionada pelo amor do meu pai à educação, e por ter trabalhado com tantas pessoas empenhadas no ofício. Acho que tudo fez muita diferença na minha carreira. Tudo o que aprendi foi utilizado e desenvolvido em algum momento da minha trajetória, quando fazia sentido para esta ou aquela empresa, para este ou aquele profissional. Usei sempre minha sensibilidade para tomar decisões e acredito que esta habilidade só se consegue por meio da escuta atenta do outro. Há momentos, especialmente os de crise, em que o mais importante é simplesmente estar aberta a ouvir e perguntar a si mesma: como posso interferir nesse impasse para ajudar? Quais ferramentas eu posso trazer nesse momento para auxiliar a empresa, a pessoa, o líder?

No entanto, não é porque acumulo 40 anos de experiência no setor de Gente e Gestão que eu tenho todas as respostas. Não, eu não encontrei o mapa da mina. Estou aberta a aprender a cada dia, a cada reunião em que me proponho a ouvir; tento entrar em conexão com as pessoas para que o melhor aconteça para elas e para mim. Atuando com esse propósito, acredito que nunca teremos perdas, só ganhos. O requisito fundamental é se importar verdadeiramente com o bem-estar de todos.

Devo dizer ainda que, ao longo deste livro, vocês verão muitos relatos sobre os resultados do meu trabalho, e o intuito em colocá-los aqui é mostrar que o trabalho de RH fortalece os laços tanto profissionais quanto de amizade, transformando os locais de trabalho em locais de cura e não de males como o *Burnout*, por exemplo.

Lembrar dos momentos que conto neste livro é poder unir pedacinhos do quebra-cabeça da minha vida, que forjaram meu caráter, meus propósitos e minhas ações em empresas de diferentes culturas. Hoje, seguindo no caminho solo de consultora, conto meus sucessos e percalços, apontando também tendências do comportamento profissional e do universo da Gestão Humana.

Boa leitura!

A autora

Parte 1

MOMENTOS DE VIDA E CARREIRA

"A vida é aquilo que acontece enquanto você está fazendo outros planos."[2]

---

2 John Lennon.

Capítulo 1

RAÍZES DA INFÂNCIA

Vou contar um pouquinho sobre o que eu costumo chamar de *"Nações Unidas"* em minha família. São as raízes de onde eu vim, a partir de onde me formei e que me fazem ser o que sou hoje. A história dos meus antepassados é realmente incrível!

Por parte de mãe, os meus bisavós eram alemães. Eles vieram para o Brasil no final do século 19. Os primeiros imigrantes que chegavam por aqui naqueles navios enormes eram alocados nas fazendas, especialmente de café. Estou falando de uma época em que a Lei Áurea, que aboliu a escravidão, tinha acabado de ser assinada pela Princesa Isabel. Independentemente de formação, os estrangeiros iam para a lavoura, ou para a roça, como queiram.

O meu avô, Franz Ludwig Küll, nasceu aqui no Brasil e se casou com minha avó Julia, brasileira raiz, ou seja, descendente de índios.

Da parte do meu pai, a família veio da Itália aproximadamente na mesma época e foi enviada para uma fazenda no interior paulista, região de Ribeirão Preto, mais precisamente em Porto Ferreira, onde eu nasci.

Parte 1 • Capítulo 1

As minhas raízes e minha formação vieram desses imigrantes fortes e destemidos, pessoas que lutaram muito e tiveram que se desprender de muita coisa, contudo seguiram em frente. Veja, meu bisavô alemão, Christian, era professor de universidade na Alemanha e foi trabalhar na roça, pois a formação dele não significava nada aqui. Depois, na época da 2ª Guerra Mundial, eles até evitavam falar alemão com os filhos, porque não queriam ser discriminados. Eles decidiram não usar o idioma nativo em público, mas somente num grupo muito restrito.

Tanto meus avós maternos quanto paternos foram pessoas que recomeçaram do nada e reconstruíram suas vidas aqui no Brasil trabalhando muito, com muita seriedade e valores firmes. Portanto, fui criada nessa filosofia de princípios fortes e bem definidos. Meu pai também foi uma figura muito importante para minha formação, o que conto a vocês nas próximas páginas.

A inspiração da *"vó"* Julia

Minha avó índia é uma figura feminina de referência muito importante para mim. Se eu sou guerreira hoje, acho que é por causa das minhas raízes indígenas. Ela nunca se abateu com as dificuldades da vida. Apesar dos percalços, jamais a vi reclamando de algum problema, se lamentando, se queixando de alguma dor. Ela olhava para frente e sua sabedoria consistia em saber que o que passou, passou. A *"vó"* Julia tinha uma mentalidade além de seu tempo e uma cabeça aberta, era muito avançada em termos de atitude e de visão do mundo, e continua sendo até hoje uma das pessoas mais fortes e decididas que conheci em toda a minha vida.

Minha primeira decisão

Eu me lembro de ter estabelecido as primeiras metas da minha vida quando ainda era muito pequena. Fui precoce nesse ponto e, ao longo da vida, sempre tive que tomar muitas decisões – algumas bastante difíceis.

Naquela época, havia inúmeros movimentos migratórios: as pessoas vinham para São Paulo, arranjavam trabalho e, depois, se desse certo, traziam a família para a cidade grande, onde havia mais oportunidades.

O trem que saía de Porto Ferreira tinha como destino a capital paulista, fazendo várias paradas em cidades como Campinas e Araras. No fim da rua, onde minha avó morava, passava a linha do trem, e eu caminhava junto com os meus primos para observá-lo assim que ouvíamos o apito – olhava para aquele trem, para aquelas pessoas na janelinha, e achava tudo muito lindo! Pensava comigo mesma: para onde será que elas vão? Nesse contexto, tomei minha primeira decisão na vida:

"Um dia, eu também vou pegar esse trem e vou até o fim da linha, porque eu quero saber aonde esse trem vai chegar".

Meu pai foi um dos migrantes bem-sucedidos que conseguiram trabalho em São Paulo. Depois de um tempo, ele veio buscar a família em Porto Ferreira para nos estabelecermos na capital. Quando eu entrei naquele trem, pensei:

"Esse é um sonho realizado, minha primeira meta de vida foi atingida!"

Eu me lembro até hoje do momento em que chegamos à Estação da Luz, linda, maravilhosa, tudo era deslumbrante aos meus olhos. Era a primeira vez que eu saía da minha cidadezinha e senti a alegria de dizer:

"Que legal, era aqui que eu queria estar. Cheguei!"

Capítulo 2

MEU PAI E O AMOR PELA EDUCAÇÃO

Meu pai foi meu maior incentivador para os estudos. Ele não teve a oportunidade de estudar. Apesar de o pai dele ser professor nas fazendas onde trabalhava, meu avô não alfabetizou os filhos porque dizia que precisavam trabalhar na roça. Sendo assim, meu pai foi alfabetizado pela minha mãe quando eles se casaram e sempre valorizou muito a educação, sabia da importância de dar estudos para os cinco filhos.

Eu fui a única filha que tinha uma vontade imensa de estudar e ansiava por aprender a ler e escrever. E aqui em São Paulo meu pai envidou todos os esforços para que eu seguisse em frente nos estudos. Quando aprendi a ler e escrever, minha irmã Clara me deu um quebra-cabeça com o desenho do mapa-múndi. Eu ficava encantada vendo os continentes e os diversos países do mundo. Quantas vezes montava e depois guardava tudo direitinho para que nenhuma peça se perdesse. Eu gostava de remontar tudo com frequência e ficava imaginando para onde gostaria de viajar, quais países eu tinha o desejo de conhecer. E essa foi minha segunda meta na vida: viajar para conhecer outros países. Eu tinha cerca de 8 anos.

Meu pai, muito trabalhador, era operário de uma empresa que fazia louças sanitárias. Imagine uma garota de família humilde, de classe baixa, querendo conhecer o mundo! Então, eu fiz todo um planejamento de vida – para estudar e trabalhar – voltado a essa minha meta de conhecer vários daqueles países que estavam no mapa-múndi.

A decisão pela psicologia organizacional

A vida de estudante foi seguindo e chegou a hora da decisão sobre a profissão que escolheria. Eu fiquei muito feliz, pois não precisei fazer cursinho para a faculdade. Eu cursei o antigo colegial (ensino médio) e passei direto na PUC. Decidi fazer Psicologia, isso nos anos 1970, e vocês podem imaginar o que era falar em ser psicóloga naquela época, não é?

Muito diziam:

"Que loucura! Você vai morrer de fome!".

Eu fui contra tudo e todos e segui em frente. Mais uma vez, somente meu pai não interferiu. Ele dizia:

"Você escolhe o que quer fazer".

Eu já tinha bem definido na minha cabeça optar pelo campo da psicologia organizacional, com a meta de trabalhar na área de Recursos Humanos. A função do psicólogo organizacional não é fazer terapia dentro da empresa, não tratamos de problemas pessoais. A missão desse psicólogo é orientada a tratar da saúde mental das pessoas que trabalham na organização, fazer com que haja um ambiente saudável, uma liderança saudável, para que os funcionários não adoeçam trabalhando na empresa. As ferramentas desse profissional de Psicologia são voltadas a ajudar as pessoas em seu desenvolvimento profissional e a fomentar uma comunicação organizacional clara, permeada de princípios éticos, a fim de que as pessoas tenham a sua colaboração na empresa realmente valorizada e reconhecida.

Naquela época, o curso de Psicologia, recém-reconhecida como profissão, contava com poucas universidades: as mais tradicionais em São Paulo eram a USP, gratuita, e a PUC, onde ingressei, que não era uma faculdade com mensalidade muito alta. Meu pai conseguia pagar com o salário de operário e reservava com gosto o dinheirinho para custear meus estudos. O curso era em período integral, mas eu combinei com ele que, assim que eu conseguisse ter um espaço para fazer um estágio, começaria a pagar minha faculdade. E foi o que aconteceu. Conto para vocês no próximo capítulo.

Quero encerrar este dizendo que acredito que trabalhar diligentemente em nossos objetivos é a melhor forma de transformar metas em realidade. As metas não se realizam da noite para o dia. É preciso perseverança e constância em seu propósito para resultados em longo prazo.

Coloquei aqui pedacinhos de um quebra-cabeça da vida, que foram forjando meu caráter e alimentando meu propósito.

Capítulo 3

INÍCIO DA CAMINHADA NO RH

Quando eu estava no 4º ano da faculdade, consegui estágio em uma indústria química, Celanese, e, em seguida, na Massey Ferguson Tratores, onde eu acabei conhecendo meu marido. Ele era suíço, e a Suíça era um dos países que eu já tinha colocado na minha meta, lá atrás, para conhecer.

Bem, depois desse momento de lembranças afetivas, conto para vocês como consegui ingressar na empresa Celanese do Brasil. Entrei já como estagiária no setor de psicologia, aliás, me sinto privilegiada por ter trabalhado desde o início em minha área.

Um pouco antes da minha formatura na faculdade, eu decidi que arranjaria um estágio, e foi muito engraçado como eu consegui. Eu pegava o Estadão de domingo – lembrem-se de que naquela época não havia internet e era assim que se procurava emprego – e, ingenuamente, procurava um lugar de estagiária de psicologia. Lógico que eu não achei, ninguém ia publicar um anúncio para estagiário de psicologia. Acontece que eu vi um anúncio que me chamou muito a atenção: era grande e bonito, e era para engenheiro químico, dizendo que seria necessário enviar o currículo para o setor de recrutamento e seleção, com sede na Avenida Paulista. Eu pensei:

"Poxa, se é para mandar o currículo, é porque existe uma área de RH lá; e se tem uma área de RH, deve ter uma psicóloga, e quem sabe essa psicóloga não precisa de uma estagiária?"

Foi esse o meu raciocínio. Então, com minha cara e coragem, eu liguei para a empresa, disse que vi um anúncio para vaga de engenheiro químico, mas que eu era estudante de psicologia na PUC e estava procurando um estágio na área de recursos humanos. A psicóloga do outro lado da linha disse:

"Então, vem conversar comigo, pois vai ser bom termos uma estagiária por aqui".

Imaginem só: assim, fui contratada!

Depois de um tempo, minha amiga da faculdade, Vera Lúcia, me chamou para participar de um processo seletivo na Massey Ferguson Tratores. Eu fui e passei!

A continuação dessa história também precisou de cara e coragem.

Como a Massey Ferguson é canadense, eu logo pensei que precisaria aprender inglês para me desenvolver. Mas pensei no mesmo instante:

"Eu não tenho dinheiro para pagar o curso, pois meu pai já pagava a faculdade com muito sacrifício".

Isso poderia ter me desestimulado, mas... eu resolvi bater na porta de uma escola de inglês chamada União Cultural Brasil-Estados Unidos, que ficava no fim da Av. Paulista. Cheguei lá e disse:

"Quero muito aprender inglês, sou estudante de psicologia, estou como estagiária numa empresa americana, mas eu não tenho dinheiro para pagar".

Então eles disseram:

"Entregue todos os seus documentos comprovando que você não tem dinheiro para pagar e você poderá concorrer a uma bolsa de estudos integral".

Eu segui todos os passos, fiz o exame e ganhei a bolsa! Comecei a estudar inglês e, como eu queria acelerar meus conhecimentos, no período de férias, estudava e adiantava o módulo do próximo semestre. Dessa forma, fazia uma prova, passava e pulava um semestre.

Rotina com garra

Na fase em que estudava e trabalhava, meu dia a dia era intenso. Fazia tudo isso feliz da vida, já que estudava o que eu queria e tinha um trabalho que gostava muito.

Bem no período em que estava na empresa, eles acabaram precisando de um estagiário da área de psicologia para elaborar treinamentos. Como desde o início tive líderes muito positivos, eu, que era apenas uma estagiária, fui convidada pela minha gestora para montar o curso corporativo de comunicação. Vejam que oportunidade! Depois disso, ela percebeu que eu estava no caminho certo e perguntou:

"Você não quer ministrar este curso também?"

Lá fui eu de novo com a cara e coragem para dar o curso para os gerentes da empresa. E deu tudo certo. Minha gestora acreditou no meu talento e disse que eu estava indo muito bem, e que tinha habilidade para ministrar cursos. Agi com humildade, mas com impetuosidade também, para galgar os primeiros degraus na minha carreira. Compreendi naquele momento que minha líder estava me dando uma lição de como desenvolver pessoas.

Na faculdade, tive professores extremamente capacitados e inspiradores, como a Cecília Bergamini, que é autora de livros de avaliação de desempenho, Sigmar Malvese e Valdir Biscaro. Todos já trabalhavam na área de recursos humanos em empresas e, um dia, a professora Cecília disse:

"O que estou ensinando aqui são conceitos, mas vocês vão aprender mesmo é trabalhando, é na raça! Então, procurem um estágio, mesmo que seja não remunerado, pois vocês ganharão experiência".

Essas palavras com certeza ecoaram em minha mente para que eu tivesse a coragem de pedir uma vaga de estagiária daquela forma inusitada.

Planejamento e decisão

Minha vida sempre foi assim, com planejamento e organização. Gosto muito de uma frase de Walt Disney que diz:

"Se você pode sonhar, pode realizar".

Acredito piamente que devemos sonhar alto, mas sem perder o foco de planejar o que queremos. De nada adianta sonhar e ficar sentado na cadeira esperando as coisas acontecerem, é preciso saber o que é necessário para alcançar o seu sonho. Acho que apliquei essa teoria desde pequena.

Essa minha característica de estrategista e de conseguir atingir meus sonhos – sem passar longos anos de minha vida tentando – veio das influências e do apoio da minha família. Eu sempre sonhei bastante e nunca me peguei pensando que meus sonhos fossem impossíveis. Acredito que muitos se acomodam e dizem, por exemplo:

"Ah, eu não tenho dinheiro para aprender inglês".

Mas será que essa pessoa pensou em bater na porta de uma escola e pedir uma bolsa de estudos?

Outros reclamam que a vida é dura e se paralisam por isso, reclamam da rigidez dos pais, que os fizeram ficar tímidos ou inseguros. Existem pessoas que quando atingem os 40 anos já se julgam velhas e acham difícil arranjar um novo emprego. Com essa mentalidade, deixando a negatividade se instalar, e com a consequente baixa na autoestima e confiança, certamente haverá dificuldades mesmo em se recolocar. Não se pode criar muletas para não lutar por aquilo que queremos e acreditamos. Se não dá para fazer de um jeito, faça de outro; se uma porta se fechou, abra uma janela; se recebeu um não, prepare-se melhor para ir em busca de um sim, e por aí vai.

Quando encontramos as pessoas certas, e tendo metas claras, damos passos gigantescos ao encontro de nossos objetivos. Não obstante, isso só acontece quando nós mesmos estamos preparados e dispostos a usufruir das oportunidades que aparecem. Se tivermos pontos cegos por não acreditarmos em nós mesmos, não enxergamos as pessoas certas. Temos primeiro que estar bem preparados para encontrar pessoas que vão nos ajudar na caminhada e, de alguma forma, nós também vamos ajudá-las.

Voltando ao estágio na Massey Ferguson, que tinha um RH avançado e foi uma grande escola, devido a decisões estratégicas, a empresa fechou a sua fábrica em São Paulo e estava de mudança para a filial em Canoas (RS). Muitas pessoas foram desligadas, inclusive eu. Foi um baque! Eu gostava muito de trabalhar lá, pois havia uma verdadeira cultura de time. Acreditem, mesmo após o fechamento da unidade em São Paulo, por algum tempo a equipe da Massey se reunia em uma con-

Parte 1 • Capítulo 3

fraternização de final de ano, algo realmente incrível que me marcou muito. Mas a vida segue. Saí de lá e fui para a Johnson & Johnson, cuja trajetória detalho no próximo capítulo.

Para encerrar, conto a vocês que eu tive a oportunidade de visitar as belas montanhas da Suíça e ver de perto os chalés encrustados nelas. Sonhei, planejei, estudei, arrumei emprego e pude viajar. Comecei a conhecer o mundo que estava todo lá naquele mapa-múndi que ganhei quando criança.

Capítulo 4

JOHNSON & JOHNSON, UM CAPÍTULO À PARTE

A história da minha contratação na J&J foi no mínimo hilária! Porém, foi lá que eu aprendi, me desenvolvi e, posteriormente, pude até ensinar as novas gerações!

Minha caminhada na Johnson & Johnson, uma empresa que estava à frente de seu tempo, começou em 1982. Fiquei sabendo por um ex-diretor da Massey que a Johnson & Johnson estava contratando profissionais de RH e enviei meu currículo pelo correio. Nesse meio tempo, decidi fazer a cirurgia para a retirada das amídalas, que aliás estava protelando há anos, a fim de aproveitar o plano de saúde da Massey. E não é que bem no período em que eu estava me recuperando da cirurgia, ainda no hospital, o José Carlos Moretti, do RH da Johnson & Johnson, liga em casa para me chamar para a entrevista?! Minha mãe me ligou na hora e me passou o telefone para o qual eu deveria ligar. Como eu não conseguia falar ainda, o médico do ambulatório da empresa que me acompanhava, e era uma pessoa muito generosa, disse que ele mesmo ligaria para o José Carlos. Ele explicou a situação:

Parte 1 • Capítulo 4

"Aqui é o médico do ambulatório da Massey Ferguson, eu estou acompanhando a Lúcia e ela quer muito participar do processo seletivo para a vaga no RH, mas acabou de fazer uma cirurgia das amídalas e não consegue falar, por isso, estou falando por ela para marcar a data da entrevista de emprego".

Eu não sabia o que o José Carlos falava do outro lado da linha, mas eu fazia mímica para o médico da Massey marcar o quanto antes possível, porque eu não queria perder a oportunidade de jeito nenhum!

Bom, depois de alguns dias, eu estava na Johnson & Johnson. Fui entrevistada pelo José Carlos Moretti, que se tornou um parceiro de palestras, além de um grande amigo, e pelo gestor dele, o gerente de RH Claudio Piotto, uma pessoa fantástica, que já faleceu. Eu nem conseguia conversar muito, mas eles tinham meu currículo em mãos e deu tudo certo, ou seja, fui contratada como analista de RH, mesmo cargo do Moretti. Nem preciso dizer que fiquei superfeliz! Depois, eles brincavam comigo dizendo que só me contrataram porque eu não falei nada na hora da entrevista, pois se eu tivesse falado... não teria dado certo.

Foi um período maravilhoso. Eu entrei para trabalhar na divisão chamada Baby Products, numa fábrica novinha da Johnson & Johnson em Jaguariúna, região de Campinas (SP). A ideia inicial era que eu ficasse um tempo para a integração na matriz, na capital paulista, e depois fixasse residência em Jaguariúna. Eu pensei comigo: tenho 23 anos, sou solteira, não tenho compromisso e posso ir morar no interior sem problemas, já que o importante é eu estar na J&J. No período de integração, eu ia com certa regularidade à Jaguariúna junto com o José Carlos para contratar algumas pessoas e acertar os primeiros passos do RH na fábrica nova. Eu me lembro de ficar encantada com a fábrica, porque era tudo limpinho, com aquele cheirinho gostoso da essência de talco de bebê, as paredes branquinhas, todo mundo trabalhando de branco. Foi um deleite para os meus olhos, ainda mais que eu vinha de uma fábrica de tratores! Era outro produto, outro tudo!

Aprendi muito com o pessoal do RH da Johnson & Johnson, aquela filosofia que já embutia os conceitos de *compliance* e ESG naturalmente, com um respeito humano irretocável.

Logo após a minha entrada, a Johnson & Johnson decidiu mudar a estratégia e unificar os RHs na divisão Corporate, e eu fui alocada nessa nova divisão que funcionava na matriz. O Moretti é que acabou se tornando o responsável pelo RH da fábrica de Jaguariúna.

Foi nessa época que eu fiquei sob a gestão do Nelson Savioli, uma figura maravilhosa, que pode ser considerado como um dos formadores do RH no Brasil. Ele era o diretor do Corporate e eu fiquei na área de treinamentos e seleção também. Ficou acertado ainda que, apesar de estar no Corporate, eu também daria assistência ao Moretti até ele ter a estrutura de RH montada lá.

Fui para a J&J da Suíça

No início de 1984, meu marido, que trabalhava na Givaudan, empresa do Grupo Roche, foi transferido para a unidade da Suíça. Eu não tive dúvidas. Fui falar com o meu diretor, Nelson Savioli, pois pela postura dele eu tinha muita esperança de que ele concordasse com minha transferência de seis meses para a Johnson & Johnson daquele país. Dito e feito. Ele só me perguntou:

"Mas lá na região da Suíça onde está instalada a unidade da J&J, eles falam alemão".

Eu disse: Pois não, eu falo alemão!

Vejam como nada é por acaso. Eu conheci meu marido em 1979 e nós frequentávamos muito a comunidade suíço-alemã no Brasil. Todos falavam a língua nativa nesses encontros. Então, eu pensei:

"Ou eu aprendo alemão ou troco de namorado".

Mas como o amor era grande, decidi fazer o curso em 1980. Eu sempre gostei do idioma alemão, pois como contei, uma parte dos meus ancestrais veio da Alemanha.

Assim, Savioli me deu todo o apoio e viabilizou meu estágio na Suíça.

Com a palavra, Nelson Savioli

"Na hora, eu disse: Vai lá! Nem passou pela minha cabeça impedi-la. Eu respondia pela área de Recursos Humanos corporativa e o saudoso dr. José Picardi pela área corporativa de Relações Trabalhistas. Como a operação brasileira tinha um destaque proeminente junto às demais empresas da J&J no planeta, nós dialogávamos constantemente com a matriz, localizada na costa leste dos Estados Unidos, e com colegas de outros países da corporação. Viajávamos amiúde para reuniões ou para conhecer programas de desenvolvimento que estavam sendo lançados nos EUA ou na Europa.

Dentro dessa cultura de fertilização cruzada entre os profissionais da J&J foi que a jovem talento Lúcia Meili nos procurou para falar da sua necessidade familiar de mudança para a Suíça. Logo pensamos, não é um problema perder uma profissional com potencial no Brasil, mas, sim, é uma oportunidade de a corporação desenvolvê-la multiculturalmente.

A Cilag, uma farmacêutica subsidiária da J&J internacional, estaria interessada em receber uma brasileira de potencial? Alguns telefonemas (ainda não havia e-mail ou WhatsApp) e a transferência foi concretizada.

Dos meus 48 anos de carreira em Recursos Humanos e em Administração Geral, além obviamente de sucessos profissionais em grandes empresas, como Alcan, Johnson & Johnson, Rhodia, Jornal O Globo, Unilever e Fundação Roberto Marinho, guardo com afeto especial esses momentos em que pude colaborar com as pessoas que fizeram e fazem a grandeza de empreendimentos vitoriosos. Eu não estava aprendendo e me relacionando com brasileiros, canadenses, americanos, franceses, ingleses ou holandeses... somos sempre humanos com algum sotaque diferente, e devemos estar sempre de mãos dadas. Por essas gratas experiências, como essa de não fazer nada mais do que minha obrigação com a transferência da Lúcia Meili, que tem sua potente luz própria e sua carreira para deixar um rastro de estrelas por onde passa, é que eu agradeço.

Em tempo: Por mais humilde que seja, uma casa fica de pé com a ajuda de milhares de tijolos. Em 2020 recebi o 'Prêmio Georges Petitpas', da World Federation of People Management Associations, que representa cerca de 600 mil profissionais em todos os continentes. Creio que episódios simples, mas sinceros, como essa compreensão do momento pessoal da Lúcia, podem ter ajudado intuitivamente na decisão da federação mundial."

O depoimento desse profissional brilhante me emocionou muito. Relembrei a acolhida que Savioli me deu naquele momento em que abriu caminhos para minha transferência. Obrigada, mestre!

Eu reforço aqui que tive a felicidade de trabalhar em empresas que tinham essa filosofia lá nos anos 1970. A empresa canadense Massey Ferguson dava importância a um bom clima organizacional, promovia a confiança, a boa convivência e o respeito às pessoas. Na J&J, já na época de ouro dos anos 1980, tive a oportunidade de participar de um time unido e forte, com líderes como o Savioli e pares como o José Moretti. Foram experiências excelentes dentro daquilo que eu sempre acreditei: se cada um fizer a sua parte buscando a excelência, entregando o melhor em termos de competência técnica, sem deixar de lado as competências emocionais, o trabalho se torna leve e prazeroso, além do sucesso da corporação ser duradouro. Notem que, naquele tempo, nem se falava em Inteligência Emocional, mas já estava acontecendo tudo isso nas empresas onde trabalhei, e foi isso que eu sempre procurei levar nas consultorias que faço.

Com a palavra, José Carlos Moretti

"A contratação da Lúcia foi muito engraçada. Eu tentava falar com ela, mas não entendia nada que ela falava por causa da cirurgia. Nós não tínhamos nem sala para fazer as entrevistas e usávamos o restaurante da empresa até o horário anterior ao almoço. Bom, mas acontece que a contratação aconteceu e foi muito bom tê-la como par.

Era uma loucura, porque a Johnson & Johnson estava crescendo vertiginosamente, com fábricas sendo inauguradas no interior.

Johnson & Johnson, um capítulo à parte

Então, eu acabei sendo enviado para Jaguariúna e ela ficou na matriz. Que chique, né? Na matriz! Afinal, a Lúcia sempre foi uma pessoa muito elegante, sempre teve muita "catiguria", como dizem. Ela é de uma apresentação impecável! E eu, já carequinha na época e corintiano, tinha que ir pra fábrica mesmo. Não que eu não me vire bem em outros ambientes, mas acredito que tenha sido o caminho mais adequado para mim."

Treinamentos com um quê de inteligência emocional

"Nós fazíamos muitos treinamentos in company[3], eram workshops e seminários feitos literalmente à mão. Aqui um parêntese: ficávamos horas medindo as letras set que iam na capa do treinamento, para ver se a linha não tinha ficado torta. Era uma daquelas coisas fantásticas daquele tempo! Um dos primeiros projetos que fizemos na empresa foi o seminário sobre análise transacional, que é uma das formas de exercitar o autoconhecimento, conceito criado pelo psiquiatra Eric Berne. A J&J sempre foi pioneira no que fazia. E foi a Lúcia que montou a palestra em que já havia alguns dos primeiros conceitos de Inteligência Emocional envolvidos; não por acaso, ela enveredou para essa área anos mais tarde. Eu estou falando de um seminário feito nos anos 1980. No primeiro meio período desse seminário, eu pensei que a turma ia abandonar a gente no hotel. Eles ouviam aquilo e pensavam: 'A gente vai ter que dar feedback, vou ter que repensar meu modo de agir?' Eu achei que a audiência ia jogar a gente pela janela!!!

Porém, a Lúcia, com toda a classe e muito conhecimento, mostrou a que veio na organização. Ela estudava muito e, com jeito, passava a mensagem de forma clara e firme.

---

3 Modelo que utiliza a própria estrutura da empresa para a qualificação dos colaboradores.

Eu me lembro que, numa dessas vezes, fizemos um role play[4] e um funcionário imitou o chefe dele, que era um inglês que andava para cima e para baixo de guarda-chuva. Esse cara entrou na sala de guarda-chuva, com aquela imitação, e eu falei:

Esse vai ser mandado embora. Mas foi tudo bem!

Depois, fizemos juntos um treinamento sobre técnicas de apresentação em público. Na época, tínhamos um supervisor extremamente exigente, alguns diriam, chato – acho que mal de psicólogo (rs)! E ele chegava um dia antes da palestra e dizia:

'Esse material não está bom, tem que melhorar'.

Esse cara foi um diferencial na minha vida profissional. Ele era muito capacitado e comprometido e eu aprendi muito com ele; 98% da população, com 0% de margem de erro, o achava irritante, mas, acho que dentro do meu leque de compreensão humana, eu superei e aprendi com ele.

Eu e a Lúcia, dois dias antes dos seminários, muitas vezes mudávamos tudo. A gente repassava o material e a cabeça ficava trabalhando para aprimorar o tempo todo. Isso é repertório, e a Lúcia tem muito. Ela ousava fazer a leitura do grupo e criar um conteúdo mais personalizado ainda. A Lúcia é mestre nisso, e ela te incentiva, te leva junto. O script estava prontinho, mas nós éramos incansáveis para ter coragem de mudar tudo se fosse ficar melhor. É aquela história do molho: você já colocou o tomate, o sal, o orégano, mas precisa de mais alguma coisa para ficar bom.

A Lúcia saiu da Johnson & Johnson e nós desaparecemos da vida um do outro. Sem 'zap' e com os telefones de antigamente, ficava difícil a comunicação."

---

4 Role play é a encenação de uma situação cotidiana da empresa, que favorece o alinhamento cultural e dissemina boas práticas.

O reencontro

"Nós nos reencontramos em 2005, quando ela decidiu começar a prestar serviços como consultora. Naquela época, vários profissionais que pegavam experiência nas empesas trilharam esse caminho. Ela me contou sobre os cursos que fez no exterior e como os conceitos poderiam ser aplicados aqui. Eu estava na fábrica de São José dos Campos, porque a de Jaguariúna havia fechado. Foi quando ela começou a fazer coaching com o pessoal da J&J. Eu sempre tive veia para a área de treinamentos, e os gestores de várias áreas vinham me dizer que queriam dar uma chance para um profissional que era bom, mas precisava de algo para melhorar seu desempenho. Aí eu chamava a Lúcia. Ela conseguiu transformar a carreira de muita gente. Eu me lembro que tinha um cientista com um potencial brilhante, mas ele trabalhava infeliz porque queria ter um reconhecimento maior. O apelido dele era Tucano e todo mundo já tinha desistido de mantê-lo na empresa. A Lúcia trabalhou com ele de uma tal forma durante o coaching que ele se tornou mais maleável e compreendeu que não importava ser o máximo na profissão se ele não fizesse o que era importante para a empresa onde trabalhava. Ela deu um jeito nele. O coaching é sempre um presente na vida de quem faz.

Tem tanta história de sucesso da Lúcia para contar. Vou contar mais uma. Concomitantemente ao trabalho de coaching, ela conduzia treinamentos com técnicas incríveis. Um deles foi o Túnel dos Sentidos, que foi um negócio maluco que ela desenvolveu e foi elogiada pela matriz. A pessoa entrava num túnel e sentia aromas, via cores, jogo de luzes, ficava na escuridão por alguns momentos. Enfim, o que se pretendia era incentivar a inovação nas fragrâncias dos produtos, estimular os cientistas *a evoluírem. Tem que ter peito pra fazer isso! Nos treinamentos, ela não queria que a pessoa que só come bife bem passado não topasse nem saber como era o gosto do bife ao ponto, entende?"*

Via de mão dupla

"Chegou uma época que terminou meu ciclo na Johnson & Johnson, aos 55 anos, e comecei a virar um prestador de serviços para a Lúcia. Então, invertemos os papéis. Ela me chamou para ajudá-la na construtora onde ela era diretora de RH. Fizemos vários treinamentos na construtora, como o que envolveu uma escola de samba de verdade. Foi memorável! E teve um voluntariado que fizemos juntos para lá de especial. E olha só, a Lúcia me chamou também para ajudá-la em um treinamento que ela fez na J&J. Eu falei: 'Vai ser estranho fazer um job para uma empresa que eu já conhecia'. Pois é, eu comecei a passar o que a Lúcia passou quando deixou a Johnson & Johnson. Só depois a gente se toca dessas nuances da vida. E posso dizer que a Lúcia sempre levou na boa todos os fatos e nuances de sua carreira. Acho que eu também."

Gostaria de falar mais um pouquinho sobre a parceria nos treinamentos com o Moretti. Nós fizemos juntos um grande projeto de integração dos cientistas da Johnson & Johnson. Uma diretora de lá me contratou, pois disse que havia um conflito de gerações atrapalhando o desenvolvimento do trabalho e comprometendo o clima da empresa. O objetivo era fazer uma grande integração entre os times de cientistas seniores e os mais jovens, era tentar extrair o melhor dos dois mundos para criar um elo forte entre as gerações. Foi um tremendo desafio, daquele tipo que dá um frio na barriga, mas gosto disso, e "bora lá" criar algo inusitado!

Johnson & Johnson, um capítulo à parte

O trabalho levou o nome de *Collaboration*, pois eles tinham que superar as diferenças para trabalharem em sinergia. Era muita gente e, por isso, convidei o Moretti para participar. Foi um grande evento, com várias dinâmicas, interação, discussões, reflexões usando filmes etc. No final, fizemos uma grande dinâmica. Comprei vários novelos de lã, botei numa caixa enorme, formei um círculo com todos os participantes e cada um tinha que escolher um novelo, amarrar a ponta da linha no dedo e jogar para a pessoa a quem queria dizer algo depois daquela vivência de três dias: um agradecimento, uma palavra, algo que a pessoa falasse de coração aberto. Eles foram jogando as linhas e isso foi formando um grande emaranhado, virou o que eu chamei de um *"grande tricô de emoções"*, que entrelaçou os participantes. Um dos presentes achou que aquele tricô ficou tão bonito que resolveu enquadrá-lo. O trabalho ficou numa parede da Johnson & Johnson e todo mundo que passava lá tomava conhecimento da dinâmica e de seus resultados positivos. Foi realmente emocionante. Pronto, tirei mais uma história do baú!

Depois eu conto para vocês sobre um voluntariado importante que eu e o Moretti fizemos juntos durante nossa parceria.

Como eu disse no início deste capítulo, tive a oportunidade de retribuir à J&J tudo o que aprendi lá e que aperfeiçoei nos cursos, posteriormente. Os programas que ajudei a formatar e implantar na empresa continuam ecoando na vida de muitos profissionais. Quando estava escrevendo este livro, me deparei com o depoimento cheio de significado da Erika Cunha. No texto divulgado no LinkedIn, que levou o nome de "Arsenal da Liderança", Erika cita o programa de *mentoring* da Johnson & Johnson, que tive a chance de desenvolver. Acompanhe.

"Meu primeiro contato com programas de mentoring foi entre 2007 e 2010, quando ocupei meu primeiro cargo de gerente na J&J Consumer. Pediram-me para moldar o Programa de Mentoring regional como um piloto com base nas diretrizes globais aprendidas no Babson College durante o LEX – Programa de Excelência em Liderança, em combinação com a experiência profissional de Lúcia Helena M. Meili.

Mais do que uma implementação piloto bem-sucedida com conquistas notáveis no desenvolvimento de pessoas, o programa foi o início da minha longa jornada como mentora e mentorada. Desde aquele dia, nunca mais parei. Como de costume, quanto melhor você fica, mais difícil se torna a jornada. Neste momento, você precisa de melhores referências: líderes seniores, livros marcantes, experiências do dia a dia etc. Você pode reconhecer todo o aprendizado que está absorvendo no presente, mas eles comporão um marco importante na sua carreira no futuro.

Obrigada mais uma vez, Lúcia! Você esteve e sempre estará na minha jornada!"

Capítulo 5

CORAGEM OU FALTA DE OPÇÃO?

Diante de situações extremas, quando somos desafiados a tomar uma decisão, muitas vezes me questiono se decidimos por coragem ou por falta de opção.

No meu caso, era seguir adiante ou seguir adiante!

Vou contar agora uma parte da minha vida em que um dilema muito comum das mulheres que se tornam mães bateu à minha porta: trabalhar para manter o *status* no emprego, numa posição conquistada com muito empenho e amor, ou ouvir o coração e parar um pouco para cuidar dos filhos?

Eu ouvi meu coração e não me arrependo. Tomei uma decisão daquelas que a gente diz: se fosse hoje, faria tudo igual.

Aqui acho importante fazer um parêntese. A emancipação das mulheres e suas conquistas na sociedade – como o direito de votar, estudar e escolher sua profissão e os caminhos que quer seguir – foram fundamentais e necessárias, e ainda hoje é preciso lutar para evitar situações como a diferença salarial entre homens e mulheres que têm exatamente o mesmo cargo. Dito isso, e se a conquista é que a mulher faça seu próprio caminho, acredito ser descabido esse preconceito, que já vem de algum tempo, contra a mulher que quer se dedicar à ma-

Parte 1 • Capítulo 5

ternidade, não lhe dando o direito de decidir ser dona de casa e mãe se assim o desejar, e marginalizando de certa forma aquelas que decidem deixar, pelo menos por alguns anos, uma posição profissional importante para se dedicar aos filhos.

Diante disso, tive que ser firme para não voltar atrás, tamanha a oposição de todos a esse respeito.

À época, eu trabalhava na Johnson & Johnson. Quando nasceu meu primeiro filho, Leandro, continuei trabalhando, fazendo aquela logística que toda a mãe que trabalha sabe muito bem como é: orientar a babá e ficar com a cabeça um pouquinho lá em casa, esperando que o filho tenha a alimentação adequada e uma boa jornada aos cuidados da pessoa que escolhemos para cuidar do nosso bem maior. Mas depois, quando nasceu o Bruno e o Leandro estava com dois anos, eu pensava comigo mesma:

"Meu Deus, é muita logística com duas crianças pequenas! Está uma loucura, porque eu estou sempre atrapalhada, atrasada, e não me sinto boa em nada!"

Era um período em que eu dava muitos treinamentos na Johnson & Johnson, viajava e tinha que ficar pelo menos uma semana fora de São Paulo. Aí, então, conversei com meu marido e disse que pretendia dar uma parada. Ele falou:

"Mas isso é uma loucura! Como você vai sair da Johnson & Johnson, uma empresa desse porte?"

E não foi somente meu marido que se opôs. Todo mundo com quem eu dividia essa minha intenção fazia considerações contrárias:

"Imagine, você vai sair? Se sair, nunca mais vai voltar, vai emburrecer e não terá mais chance no mercado de trabalho."

No entanto, eu fui em frente porque acreditava em mim e estava certa de que deveria fazer o que mandava meu coração.

Coragem ou falta de opção?

Tive uma conversa definitiva com meu marido, pois à época tínhamos condições financeiras para dar suporte à minha decisão; pedi as contas na J&J e me tornei mãe em tempo integral.

Até o Bruno, meu caçula, completar cinco anos, eu não me desliguei totalmente da empresa. Isso porque o pessoal da Johnson & Johnson, esporadicamente, me ligava e me pedia para ministrar cursos de liderança, mas nada parecido com a correria de antes. Eles me contratavam para *jobs* pontuais. Nesse período, alguns dos meus colegas da J&J saíram de lá e foram trabalhar em outras organizações; eles também me chamavam para conduzir cursos de liderança nessas empresas. Como era algo que eu gostava muito de fazer e não me tomava muito tempo, acabei não cortando de vez o vínculo com o mercado de trabalho.

Quando meus filhos chegaram à adolescência, eu já estava com muita saudade de trabalhar e sentia que poderia voltar. Só que eu quis me atualizar antes, pois não queria simplesmente voltar no ponto onde parei. Como a J&J enviava muitos profissionais para fazer cursos de especialização na Universidade de Buffalo, eu logo pensei em fazer um curso e aprimorar meus conhecimentos lá também. Tomei a decisão, fiz a inscrição e banquei meu curso. Fui para os Estados Unidos com a cara e a coragem e encontrei muita gente fora da caixa, minha tribo mesmo. Pensei: *"Que maravilha, me encontrei por aqui!"* Isso foi no ano 2000.

Adversidade e aprendizado

Logo depois desse período, o meu marido sofreu um acidente doméstico e bateu a cabeça, ficando em coma por muito tempo. Quando recebeu alta do hospital, pensamos que o pesadelo tinha acabado, mas o fato é que nunca mais ele seria o mesmo. O acidente mudou a vida da minha família para sempre. Foi um dos meus momentos mais dramáticos.

Parte 1 • Capítulo 5

O que me manteve unida aos meus filhos foi o espírito de família cultivado em todos os anos de convivência. Os meninos passaram por esse trauma que marcou de forma indelével a vida deles. Foi uma fase extremamente difícil, porque não tínhamos mais a figura do pai e do esposo que tanto amávamos, mas uma pessoa indiferente e sem compromisso, que queria viver para si próprio.

Eu, como você e qualquer pessoa deste mundo, passei por essa e outras dificuldades – o que diferencia é o grau de gravidade desses problemas caso a caso. E o que nos faz sair dessas situações é a fé e a esperança de que vamos superar as fases complicadas. Na verdade, creio firmemente que somos o que somos por conta de todas as experiências que vivemos: as boas e as ruins.

Acredito que não devemos usar os percalços da vida como uma âncora que nos paralisa e nos faz entrar num ciclo de lamentações. Se cairmos, temos que encontrar forças para nos levantarmos logo. Sim, a vida é difícil e, às vezes, cruel, mas não se pode ficar preso ao passado.

Com que propósito conto isso a vocês? Para mostrar que todos, mais cedo ou mais tarde, encontramos pedras pelo caminho, e que, hoje, trilho novamente uma caminhada de sucesso pessoal e profissional.

De alma leve, costumo brincar dizendo que as adversidades são desses limões com os quais a gente precisa fazer uma limonada ou... uma caipirinha. Essa é a minha versão para o ditado popular.

Meus filhos são meus tesouros. Tanto o Leandro quanto o Bruno herdaram meu gosto pelos estudos e pela leitura. O Leandro tem uma estante enorme em sua casa. Posso dizer que ele foi meu maior incentivador para escrever este livro. O Bruno assinou embaixo e cá estou eu compartilhando minha história com vocês.

Passo a palavra para eles.

Capítulo 6

COM A PALAVRA, LEANDRO MEILI

"Minha mãe sempre busca transmitir o que aprendeu na vida e na carreira."

"Eu insisti durante alguns anos para minha mãe fazer um livro, porque ela tem bastante conteúdo para passar, daqueles conteúdos que têm a ver com a pessoa que ela é, com a carreira que ela construiu, com as empresas que conseguiu humanizar e com as vidas de todos aqueles que conseguiu impactar. Dessa forma, deixando suas percepções sobre sua visão de mundo e sobre a gestão bem-sucedida de pessoas, ela poderá impactar positivamente todos que lerem seus escritos. Nada é ficção, mas realidade. Eu disse para minha mãe que tudo o que foi desenvolvido em sua carreira e todos seus ensinamentos não poderiam morrer com ela, mas tinham que ficar para a posteridade."

Sou fã

"Resiliência e coragem são características marcantes da minha mãe. Admiro muito a coragem que ela tem de não se deixar abater por opiniões contrárias. Não que ela não ouça os outros – ouve bastante –, mas quando ela acredita que uma decisão é acertada, vai em frente. Eu prezo muito a decisão que ela tomou quando abriu mão

de uma carreira em ascensão para ser mãe em tempo integral. Depois que meu irmão nasceu, ela seguiu o coração e se dedicou à maternidade da melhor forma possível. Nesse meio-tempo, minha mãe ainda se atualizava em sua profissão, porque busca excelência em tudo o que faz, nada menos a deixa feliz. Bem perto dela, dia após dia, eu e meu irmão absorvemos os valores que ela nos passou pelos exemplos, pelas palavras e pelas broncas!

Ela sempre foi uma mãe presente, curtiu demais poder estar conosco. Constantemente, estávamos juntos no café da manhã, almoço, jantar, com refeições preparadas à moda Lúcia, ou seja, no capricho.

O dia dela estava sempre corrido, levando a gente para lá e para cá. Quando ela voltou a trabalhar, eu já estava com uns 15 anos. Posso dizer que gostei muito de ter essa proximidade com ela. Assim, a educação e a comunicação dos valores foram contínuas e, definitivamente, contribuíram para a formação do nosso caráter. E veja que ela ficou um bom tempo fora do mercado, mas quando voltou, voltou ainda melhor!"

Lição certa na hora certa

"Minha mãe nos indicou o caminho da ética, da empatia e da educação com o outro. Ela era incansável, e hoje vejo os detalhes da educação que nossa mãe nos deu como muito eficazes. Na infância, uma coisa que me lembro é quando eu brincava com meus primos e falava muito palavrão. Na verdade, a gente nem sabia direito o que aquilo significava. Aí, minha mãe escutava e nos repreendia bem à moda antiga. Ela não percebia que eu não tinha noção que estava errado. Eu pensava:

Poxa, estou levando uma bronca e nem sabia que era um palavrão tão ofensivo.

Logo depois, ela explicava o porquê da bronca. Todas as correções dela foram importantes, porque acredito que a criança tem que saber discernir a partir de algo que lhe é ensinado. Ela tem que ter um norte, e quem dá esse norte são os pais. Hoje em dia, os pais são criticados quando corrigem os filhos, a sociedade vem em cima, mas é responsabilidade nossa educar!

Sou pai de uma menina de 4 anos, a Lara, e sigo o mesmo estilo de educação que tive, ou seja, explico o que ela fez de errado e a faço refletir sobre aquela atitude. Às vezes, ela faz uma arte e deixa a gente chateado, e eu não me furto a parar e conversar. Não é só dar uma bronca e deixar passar.

Uma coisa que me deixa muito feliz é ver que a Lara também herdou o hábito da leitura que herdei da minha mãe – ela me vê lendo e quer ler também."

Conhecimento, valor inestimável

"Acho que a decisão firme que minha mãe tomou de sair do emprego e ficar com a gente durante toda a infância acabou nos preparando para sermos fortes, o que serviu de esteio para tudo o que a gente passou depois.

Se tem uma coisa que me marcou muito foi a época em que eu, minha mãe e meu irmão tivemos que nos mudar da nossa casa para um apartamento alugado. Foi quando houve a separação dos meus pais. Um período extremamente difícil para nós, pois meu pai não tinha noção da gravidade da situação.

Em meio àquele turbilhão de sentimentos, recordo que a equipe de mudança reclamava muito das inúmeras caixas pesadas que tinha que carregar. Eram os livros da minha mãe. Aquilo ficou gravado na minha memória, porque vejo que você pode perder tudo na vida – você tem uma casa grande e confortável num bairro seguro, tem uma vida tranquila e, de repente, tudo muda e é preciso abrir mão de muitas coisas que gostava –, mas aquele conhecimento que adquiriu, que conquistou ao longo da vida, fica com você para sempre!

Acho que hoje em dia as pessoas querem estudar para o agora, para passar numa prova, num exame... mas acredito que é necessário estudar para a vida, num contínuo aprendizado e aprimoramento dos conhecimentos. Eu gosto de me manter sempre curioso, indo atrás de mais informações porque, uma hora ou outra, as coisas se cruzam. Quando eu vejo que, infelizmente, o brasileiro lê pouco, sinto que isso contribui para deixar as pessoas com um conhecimento raso, sem condições de debater com profundidade assunto nenhum. Tem uma modinha aqui, outra ali, e pouco a acrescentar em termos de conhecimento."

Coisas de supermãe

"Eu fiz engenharia naval até um pouco por insistência da minha mãe. E eu me lembro que até tivemos algumas brigas justamente porque ela me inscreveu no ITA sem eu querer. Ela chegou para mim e disse:

'Eu te inscrevi no ITA e você vai fazer a prova.'

Eu fui, mas não passei. Quando eu me inscrevi para fazer Fuvest, fiquei na dúvida até na véspera: não sabia se queria fazer História ou Engenharia. Pois é, coisas totalmente diferentes. A dúvida era porque, na escola, eu gostava de todas as matérias, embora preferisse história e geografia à matemática e à física. Só que eu sempre tive mais facilidade com matemática. Então, fiquei pensando: História pode ser legal, mas a Engenharia me dará mais opções no futuro. Na verdade, isso é um aprendizado que eu levo para a vida: se vai tomar uma decisão, tome aquela que abrirá mais portas no futuro. Decidi fazer Engenharia, com opção para a Naval, assim como havia sugerido minha mãe...

Recentemente, fiz uma transição de carreira e sou engenheiro de software, em busca de uma profissão apontada para o futuro. Desta vez, minha mãe não ficou sabendo da minha decisão pro-

fissional, apenas comuniquei a ela. No fundo, minha mãe sabe que o caminho que ela sedimentou para mim e meu irmão nos impulsiona a termos bons propósitos na vida."

Reconhecimento e parceria

"Eu olho para trás e vejo o quanto minha mãe se desdobrou, as horas de trabalho, as madrugadas sem dormir, as viagens constantes ao longo da semana para prestar consultoria na Johnson & Johnson. A resiliência dela é inquebrantável, pois passou pelo período mais turbulento da vida e continuou com a cabeça sã. Sei que tem gente que passa por coisa pior, mas eu digo sempre para ela:

'Olha o que nós passamos, olha a dificuldade financeira que enfrentamos, e superamos!'

A minha tia Clara teve que ser fiadora do apartamento que alugamos e precisava nos ajudar em tudo. Minha mãe teve que comprar um carro financiado em 60 meses para trabalhar. Era dívida, empréstimo... e tudo era novo para nós.

Na época em que minha mãe voltou a trabalhar como consultora na J&J, ela sempre tinha um monte de ideias para os treinamentos e pedia minha ajuda para editar alguns filmes. Viramos parceiros, só que, de vez em quando, aquela edição, que era feita antigamente com dois videocassetes – um passando o filme e outro editando –, causava muito estresse! Eu me lembro especialmente quando ela pediu para eu editar partes do filme Tempos Modernos, do Charles Chaplin. A gente gastou tantas horas e a edição não ficava boa de jeito nenhum, porque dava uns paus na máquina para fazer os cortes e tinha que começar tudo de novo. A gente ficou até altas horas tentando, tentando, discutindo... Até que chegou uma hora que eu falei:

'Não dá mais!'

Larguei tudo e fui embora. Ela ficava muito brava comigo, porque isso acontecia sempre que tinha algum filme para editar. Bom, mas não ficava assim por muito tempo, porque ela ia e conversava, falava da importância do trabalho que estava trazendo o sustento para casa. Aí, então, eu respirava, voltava e terminava a edição. Minha mãe sempre teve a capacidade de resolver conflitos, essa habilidade de entender o que eu estava passando, de identificar a mensagem certa para me trazer de volta. Por essas e outras, ser filho da Lúcia é uma honra para mim. Via sempre ela se levantar de manhã, respirar e reunir forças para matar um leão por dia.

Hoje, ela tem bastante trabalho e não consegue nem parar, porque está num nível de reconhecimento profissional maravilhoso. Alguns dos meus amigos fizeram coaching com ela e sempre ouvi elogios por parte deles. Hoje, sou CTO numa empresa do mercado financeiro e até gostaria que minha mãe fizesse treinamentos aqui, mas seria nepotismo. Eles têm que descobrir minha mãe sozinhos. Ela é uma cabeça diferente, trabalha mesmo pelo bem dos outros, para servir, sempre escutando os anseios e as dúvidas das pessoas para orientá-las da melhor forma possível. Aliás, esse foi um dos bons ensinamentos que ela me passou e que eu uso no meu trabalho, mesmo estando numa área mais técnica. Se você está num cargo de liderança, tem que escutar, ouvir as pessoas, tentar entendê-las."

Essa edição de *Tempos Modernos* era para um treinamento de liderança da Natura. Eu apresentei a ideia ao Leandro e ele fazia tudo com a maior paciência do mundo. Só que, se eu sou perfeccionista, ele é perfeccionista ao cubo! Não podia ter um milímetro fora do ponto de corte na edição. Tenho certeza de que esse trabalho contribuiu para a formação do Leandro. Quando queremos, aprendemos até nas coisas mais corriqueiras da vida.

Capítulo 7

COM A PALAVRA, BRUNO MEILI

"Minha mãe planta, cultiva e espera os bons frutos."

"Acredito que minha mãe tenha conciliado bem a carreira e a maternidade enquanto foi possível. A decisão dela em deixar o emprego para cuidar de mim e do meu irmão foi considerada descabida por muitos, mas foi uma resolução consciente, pois ela costuma planejar antes de agir. A relação mais próxima com a minha mãe durante a infância e a pré-adolescência foi enriquecedora. Ela nos deu uma direção, não deixou de nos orientar em muitos aspectos da vida, e criamos um vínculo precioso na família. Gostava de vê-la sempre presente para levar o meu irmão e eu à escola e para torcer da arquibancada nos dias de olimpíadas no colégio. São lembranças que ninguém pode substituir. Foi muito bom termos todo esse cuidado direto de nossa mãe, em vez de uma babá que talvez não conseguisse dar a sequência da educação que ela nos deu. Além disso, nossos finais de semana em família e viagens juntos eram incríveis e criaram laços difíceis de se romper. Os valores passados, as experiências vividas em união, tudo isso foi importante para o nosso desenvolvimento como cidadãos."

O certo e o errado

"Minha mãe sempre nos ensinou o que é certo e o que é errado, não tinha relativismo na nossa educação. Ela nunca passou a mão na nossa cabeça quando fazíamos algo que não era certo, e dava as broncas necessárias. Mas isso sempre com muito carinho e a preocupação de uma mãe amorosa. Ela nos alertava sobre as consequências de fazer ao outro o que não queríamos que fizessem conosco. Tudo tinha um propósito na forma de educar dela, até nas coisas simples, como ensinar a não jogar papel de bala no chão. Dessas pequenas atitudes até ensinar o respeito às pessoas, a não querer fazer nada de errado para levar vantagem, a não desviar dos princípios éticos, tudo isso sempre esteve presente na forma de educar da minha mãe."

Conexão e orgulho

"Quando minha mãe voltou ao trabalho, eu já estava com uns 12 anos de idade. Claro que a gente sentiu essa mudança e perdeu um pouco daquela conexão, pois ela tinha uma agenda extensa de cursos e viagens. No entanto, a desconexão não foi total. Era um dia a dia um pouco diferente, mas com uma mãe sempre presente quando precisávamos.

A volta ao trabalho foi acontecendo de forma natural com a intensificação das consultorias de RH que ela fazia. Acredito que quando um profissional é reconhecido pela sua competência, consegue voltar ao mercado sem tanta dificuldade. Foi assim com ela. Os cursos internacionais e as certificações que ela buscou complementaram a bagagem adquirida em seus anos de RH na Johnson & Johnson. O networking que ela construiu nesse período também contribuiu para abrir muitas portas, por isso, tenho orgulho da trajetória profissional dela. O reconhecimento que minha mãe tem hoje não veio à toa. Entre suas características, há uma importantíssima, que embasa tudo o que ela faz na vida: a busca por resultado e excelência. Daí vieram os prêmios que ela ganhou no Brasil e no exterior. Ela preza pelos detalhes, faz intervenções minuciosas em suas passagens pelos setores de RH das empresas, e esse jeito de ser se traduz no resultado coroado que ela conseguiu em sua carreira. Presenciei muitos presidentes e diretores de empresas dando um feedback positivo para ela sobre os avanços em suas empresas."

Ultrapassando barreiras

"Nós sempre apoiamos muito minha mãe no trabalho, pois ela é feliz na carreira que escolheu. Sendo mulher e ocupando cargos elevados, ela certamente enfrentou preconceito, mas uma coisa que ela tem de bom é que sempre enxerga uma saída diante das dificuldades. Outra qualidade da minha mãe é saber aproveitar as oportunidades e aprender com as pessoas que passam pela vida dela.

Acho que minha bisavó Julia foi uma inspiração importante na vida da minha mãe. Ela viveu até os 95 anos e se manteve independente até o fim da vida. Na parte alemã da família, sempre houve mulheres fortes que serviram como referência de força, mentalidade e saúde. Acredito que a postura do meu avô materno no trabalho também foi uma grande inspiração para ela, no sentido de se esforçar para entregar resultados. Enfim, a família, que sempre foi importante para minha mãe, deu a ela a raça, a vontade e a dedicação de fazer tudo bem-feito, de buscar a perfeição. Depois vieram seus mentores no RH, e ela soube absorver todos os ensinamentos importantes que eles tinham a passar.

Assim, ela se tornou uma mulher de sucesso na carreira, ultrapassando barreiras, com a convicção de que poderia fazer um trabalho de qualidade. A gente conversava muito nos anos em que ela trabalhou na MPD. Dava para notar que era diferenciada a participação dela quando assumiu a direção do RH. O departamento não era visto como algo importante e ela conseguiu provar que era: dessa forma, a área de Recursos Humanos alcançou um nível estratégico para o crescimento da empresa. Com minha mãe, nunca é um trabalho padrão que se copia e cola. Ela busca algo que transcende o básico e envolve as pessoas para caminharem e se desenvolverem juntas.

Acredito que minha mãe vive a felicidade na essência. Evolução pessoal traz satisfação para ela, que acredita na transformação de vidas que uma boa gestão de RH pode proporcionar. Ela planta, cultiva e acredita que as ações planejadas para o bem de todos podem dar bons frutos.

Sou formado em Administração de Empresas e minha mãe sempre me inspirou em minha carreira, na busca pelo desenvolvimento constante e por resultados relevantes."

Parte 2

Cultura Organizacional e ações do RH

"Uma mente é como um paraquedas. Não funciona se não estiver aberta." [5]

---

5 Frank Zappa.

Parte 2

INTRODUÇÃO

Uma vez me perguntaram: *"O que é o RH?"*

É sobre isso que quero falar agora detalhadamente.

Em primeiro lugar, devo explicar por que não me soa bem o termo RH, que vem lá da época da Revolução Industrial, quando se enxergava a pessoa como um recurso, uma peça da engrenagem – e o ser humano é muito mais do que isso. Vou tentar traduzir a minha visão. Durante muitos anos, eu usei nos meus treinamentos de liderança o filme de Charlie Chaplin, *Tempos Modernos*. Numa sinopse bastante enxuta, o protagonista entra para trabalhar em uma fábrica, faz movimentos automatizados e não precisa pensar. Quando sai da fábrica, continua fazendo os mesmos movimentos repetitivos. Ele nitidamente fazia parte de um mecanismo, e era dessa forma que a pessoa era vista na empresa. Uma corrente do RH do início do século 19, o taylorismo (sistema de trabalho criado pelo engenheiro Frederick Taylor em que o trabalhador é monitorado segundo o tempo de produção) tratava a produtividade das pessoas como se elas fossem máquinas, que cumprem tarefas em determinado tempo e com determinado custo. O trabalhador é um ser humano, não uma máquina, portanto, não concordo

Parte 2 • Introdução

com essa visão, ainda mais hoje em dia, que muitas empresas compreendem que as pessoas são o seu bem maior.

Embora o termo RH seja o mais conhecido, parte do mundo corporativo já utiliza a expressão Gente e Gestão para se referir ao setor que cuida do capital humano em diversas frentes: recrutamento, admissão, avaliação de desempenho, treinamento e engajamento. Eu acredito que essa estrutura voltada ao olhar das pessoas que trabalham em uma organização é fundamental para o sucesso do negócio e a disseminação do respeito no ambiente de trabalho. Em qualquer negócio que esteja produzindo ou vendendo, há seres humanos com toda sua história, seus valores e com sua experiência, itens que culminarão em sua maior ou menor contribuição dentro da empresa. Quando os valores do trabalhador são aderentes aos valores da empresa, há uma sinergia muito grande, fazendo com que o negócio cresça e a pessoa igualmente. Então, ambos se ajudam. Não vejo uma pessoa só como uma peça de uma engrenagem que resulta num produto final. A pessoa é capaz de inovar e modificar uma engrenagem enferrujada, com seu olhar, visão e participação. Por isso, as empresas devem enxergar o potencial humano que têm nas mãos e aproveitar o olhar valioso dos colaboradores que querem fazer mais do que apertar um botão. Isso leva à diversificação e evolução do negócio.

O RH possui três pilares: captação, desenvolvimento e retenção de talentos. Cuidar muito bem deles é o segredo de um bom setor de Gente e Gestão. Aqui não estou considerando, obviamente, a vertente do Departamento Pessoal, que é o aspecto legal da área de Recursos Humanos. Ele precisa funcionar redondinho para que a empresa não tenha riscos trabalhistas:

Introdução

precisa contratar bem, pagar em dia, recolher impostos, ou seja, precisa cumprir uma série de obrigações legais.

O RH propriamente dito vai muito além disso, pois todas as suas ações têm como objetivo a criação e a manutenção da cultura organizacional baseada nos princípios e valores dos seus donos ou gestores seniores com base na valorização e reconhecimento do ser humano. Nessa linha de pensamento, o foco é: "Cuide de pessoas e elas cuidarão dos resultados". Portanto, antes de se iniciar um trabalho de implantação ou organização de uma área de RH, é fundamental estabelecer as diretrizes básicas da gestão de pessoas de forma que todas as ações sejam aderentes ao fortalecimento dessa cultura. É a parte da Gestão Humana que vai lançar um olhar atento aos colaboradores, desenhar um processo de recrutamento e seleção em que todos os candidatos sejam tratados de maneira igual, em que não haja discriminação, em que todos tenham as mesmas chances. O processo seletivo deve ser feito de tal forma, que mesmo os que não forem contratados virem fãs da empresa, por terem sido respeitados e terem recebido um *feedback* adequado. Infelizmente, hoje em dia, as pessoas passam por um processo seletivo e ninguém dá retorno, então elas ficam *"a ver navios"* e nem sabem como poderiam se desenvolver para conseguirem ter sucesso nas próximas vezes. O recrutamento deve ser pensado de forma a evitar substituições repentinas em um curto espaço de tempo, pois o setor tem uma responsabilidade social como agente que convida uma pessoa a fazer parte de uma corporação.

Na parte de captação de talentos está todo processo de criar uma cultura e uma imagem que sejam atrativas para os candidatos, que mostrem que a empresa é socialmente responsável. Se a organização não tem uma boa imagem, não consegue recrutar talentos. E como conquistar uma boa imagem? Cuidando bem da gestão de pessoas.

Na parte de desenvolvimento de talentos, é preciso que o setor cuide da integração das pessoas novas, passando a elas todas as normas e os valores da empresa. Deve haver programas de desenvolvimento de líderes que abracem a cultura da empresa e sejam disseminadores dos valores corporativos. O desenvolvimento se dá tanto na parte técnica como na parte comportamental, de relacionamento. Os treinamentos de liderança devem focar na habilidade de gerir pessoas, de dar *feedback*, de desenvolver o potencial delas, propiciando o crescimento de todo o time. Tudo isso é um conjunto de desenvolvimento de lideranças, mediante inclusive ferramentas para fazer avaliações de desempenho em que as pessoas se sintam valorizadas e reconhecidas, colocando na balança o quão aderente elas se mostram aos valores da organização.

E na parte de retenção de talentos, é preciso saber que quando a empresa é boa, os talentos são muito assediados. As pessoas só não vão sair se receberem um bom salário e se houver outros mecanismos de retenção. E, a meu ver, os melhores mecanismos estão ligados a um ambiente positivo, construtivo, onde as pessoas têm voz, são percebidas como membros do time e têm uma liderança que aponta suas falhas, mas que dispõe de um plano de ação para ajudá-las a superar os obstáculos.

Eu acredito que o setor de Gestão Humana sempre deve ser independente, para atuar em favor do *match* entre os anseios da empresa e os dos colaboradores. Não acredito em um modelo em que o RH se encontra subordinado ao setor Financeiro, por exemplo, pois as duas áreas têm visões diferentes, o que é muito importante para a empresa; assim, diante de um impasse, o CEO poderá tomar a decisão que mais lhe aprouver. São dois setores que precisam ser autônomos, pois há conflito de interesses. O Financeiro tem que lidar com números, com dinheiro, com resultados; o RH, com pessoas. Se a empresa perder a mão com as pessoas, todos perdem. Eu ousaria dizer que a organização é a parte que mais perde, pois a insatisfação dos colaboradores vai impactar negativamente os resultados financeiros. Um time descontente não vai dar o seu melhor, não vai se esforçar para ser criativo, inovador, não vai vestir a camisa de fato, só vai trabalhar, fazer o seu e voltar para casa. Por isso, eu não abro mão da autonomia do RH.

Capítulo 1

O VALOR DA INTELIGÊNCIA EMOCIONAL

Neste e no próximo capítulo, desejo falar dos aprendizados adquiridos um pouco antes de iniciar voo solo como consultora, quando investi em minha carreira fazendo cursos no exterior. Começo pela Inteligência Emocional, minha área de *expertise*, e falo aqui do conceito de IE ampliado, que impacta a vida pessoal e profissional, tendo-se em vista que muitas carreiras naufragam porque o profissional esbanja conhecimento técnico, mas não tem desenvolvimento algum em *soft skills*, ou seja, em suas habilidades emocionais.

A IE é um norte, não um modismo, é algo que sempre fez a diferença nas vidas das pessoas, mas que o psicólogo Daniel Goleman conceituou. Antes de Goleman, percebia-se que alguns perfis de profissionais davam muito certo nas empresas e outros não conseguiam deslanchar suas carreiras, por mais inteligentes que fossem. No entanto, essa percepção não vinha acompanhada de uma ideia formatada sobre o porquê desse fato.

Esse psicólogo norte-americano fez uma grande pesquisa na Universidade de Harvard, onde era professor. Ele basicamente acompanhou a vida pós-formatura de um grupo de estudantes que tinham um QI acima da média, ou seja, uma inteligência intelectual espetacular. Nesse caminho, percebeu que uma parcela deles teve sucesso, evoluiu e construiu carreiras brilhantes; outros, porém, naufragavam na carreira e não conseguiam trabalho nem para se sustentar. Depois dessa constatação, ele começou a estudar as características de cada grupo de estudantes. O resultado da pesquisa foi surpreendente. Goleman descobriu que 20% do sucesso das pessoas, quer como empreendedoras, quer como funcionárias de uma empresa, estavam relacionados às habilidades técnicas e intelectuais, apontando, portanto, que a gigantesca porcentagem de 80% do sucesso era devida às competências emocionais. 80/20 é muita coisa!

O método organizado pelo psicólogo está no livro *Inteligência Emocional – a teoria revolucionária que redefine o que é ser inteligente*, publicado pela primeira vez em 1995. A crítica literária e a imprensa dos Estados Unidos classificaram a obra como um guia prático para o domínio emocional, pois o livro transformou a maneira de pensar a inteligência e chacoalhou o mundo dos negócios ao vislumbrar o conceito de que temos *"duas mentes"*: a racional e a emocional. Em sua teoria, Goleman explicou que, juntas, elas moldam nosso sucesso ou insucesso e que muitos dos circuitos cerebrais da mente humana são maleáveis e, portanto, passíveis de serem trabalhados.

Os resultados do levantamento do psicólogo foram sendo constatados na prática por muitas empresas, que começaram a perceber que as características relacionadas às *"soft skills"* realmente faziam grande diferença em sua *performance*, na vida e na carreira de seus funcionários, que o negócio deslanchava mais quando havia em seus quadros pessoas que sabiam lidar com conflitos, sabiam liderar de forma equilibrada e expandir o potencial humano, para conseguir uma equipe coesa e um ambiente favorável ao crescimento da organização. Enfim, os empresários entenderam que não adiantava apenas contratar pessoas intelectualmente brilhantes e bambambãs em suas áreas. Era preciso ter gente que entendesse que os negócios evoluem com o trabalho de um time, não com o trabalho de pessoas isoladamente. Isso não aconteceu do dia para a noite, mas foi o início de uma mudança de foco na hora da contratação.

Adele Lynn, minha mentora na IE

Adele Lynn é uma *expert* em Inteligência Emocional reconhecida mundialmente. Ela mora em Washington (EUA) e foi minha mentora nesse assunto. Aliás, é com a Adele que está relacionada aquela história do *"Yes, I am"*. Daqui a pouco eu conto os detalhes, mas vamos começar do começo do meu encontro com essa profissional, parceira e amiga, a quem admiro muito. No início dos anos 2000, eu fiz um curso de criatividade e inovação na Universidade Estadual de Nova York, em Buffalo, a mais conceituada para esse tipo de curso. Participei de duas edições dos encontros anuais promovidos pelo CPSI – Creative Problem Solving Institute, que acontecem anualmente e têm o objetivo de passar ensinamentos sobre a resolução criativa de problemas, desenvolvendo o pensamento inovador e a criatividade. Nesses encontros, pessoas do mundo todo apresentam suas pesquisas, *cases* e seus resultados na área da inovação, e quem participa aprende novas práticas de criatividade. Foi através desse grupo que eu acabei chegando à Lynn Leadership, empresa da Adele. Em 2003, fui indicada a fazer parte do time da Adele para realizar um trabalho relacionado à Inteligência Emocional nos Estados Unidos. Recebi um *e-mail* da equipe dela, com um texto assim: *"Tivemos a indicação do seu nome e gostaríamos de saber se você é a pessoa certa"*.

Aí eu respondi assim:

"Yes, I am".

O pessoal logo me retornou dizendo: *"Olha, nós nunca recebemos uma resposta tão rápida e tão objetiva".* Naquela época, não tinha *videocall* nem nada; eu fiz uma entrevista por telefone, enviei o currículo, minhas referências, e foi assim que eles me contrataram. Confesso que sentindo muitas borboletas no estômago, pois temos essa sensação quando estamos prestes a fazer algo grandioso, que nos tira da zona de conforto, e aí mudamos de patamar! É aquele momento decisivo, onde uma atitude pode mudar o rumo da sua vida, e esse foi um deles, no meu caso.

Nem sempre estamos plenamente prontos para assumir um desafio, mas aí é correr atrás e tratar de ficar!

A Adele Lynn havia fechado um contrato com um grande cliente mundial e precisava reunir pessoas de vários países para traduzir o material do treinamento em vários idiomas. Ela mesma treinou seis facilitadores lá nos Estados Unidos e cada um traduziu o conteúdo em seu idioma nativo, para, posteriormente, replicar a grupos do mundo todo. No grupo do Brasil, sob minha responsabilidade, havia em torno de 120 pessoas. Com os materiais traduzidos, voltamos para lá para conduzir o treinamento. O intuito era mostrar ao cliente que capacitar os colaboradores da empresa com a visão da IE aumentava os resultados financeiros, pois as vendas teriam um incremento sem a prática da *"empurroterapia",* mas sim com a venda inteligente.

Essa ação deu tão certo que mais tarde fui me certificar em *coaching* e *mentoring* com a Adele, e acabamos fazendo uma parceria. Eu tenho um contrato de representação da Lynn Leadership aqui no Brasil para trabalhar com a teoria dela e usar seus materiais. Há 20 anos, sou a única parceira dela no Brasil e nos tornamos amigas. A Adele é uma pessoa generosa e eu fiquei hospedada na casa dela em Pittsburg enquanto fazia o curso. Enfim, esse encontro foi um presente em minha vida!

Os clientes da Adele figuram na revista Fortune, pois são empresas de grande porte. Ela é autora de sete livros em que fala dos conceitos de IE permeados nas organizações, desde o momento da entrevista de recrutamento com foco nas competências emocionais até o desenvolvimento de líderes dentro da corporação, reforçando a importância de formar verdadeiras lideranças, não simples chefes. As obras dela servem de referência nesta área. Entre outras coisas, a Adele criou uma imagem significativa em relação a esse tema: ela diz que o líder é responsável por transformar um diamante bruto em uma joia valiosa ou por desperdiçar o diamante e destruir uma joia rara, já que a valorização humana está aos cuidados dele. Daí a importância do investimento humano focado nas habilidades da IE. Acredito que, a partir desse ensinamento tão claro, o líder deve enxergar seu papel de forma mais profunda. Receio dizer que poucos líderes têm essa profundidade e essa compreensão. Uma disputa de genialidade e vaidade é que dão o tom em muitos casos.

Fiquei muito feliz em ter o aval e o depoimento da Adele Lynn, com um conteúdo feito exclusivamente para este livro.

Acompanhe as ideias dela de forma bem didática e em tópicos.

A principal missão de um profissional de RH

"Acho que qualquer profissional de RH, seja ele em contratação e recrutamento, remuneração e benefícios ou desenvolvimento organizacional, tem a responsabilidade e a missão de maximizar o potencial humano para a organização, aplicando as melhores ferramentas do ofício."

Formas de incluir a Inteligência Emocional no processo de contratação

"Eu diria que o recrutador e entrevistador de RH deve estar buscando indicadores específicos de inteligência emocional ao longo do processo de contratação – desde as trocas de comunicação até o acompanhamento. É claro que a entrevista é a parte central do processo, portanto, um esforço conjunto e estratégico na entrevista é fundamental. O gestor de RH deve ir para a entrevista com um plano específico para buscar indicadores-chave de QE (Quociente Emocional), especialmente mapeados para o tipo de trabalho que a pessoa realizará. No entanto, isso requer algumas habilidades muito importantes. Uma delas é determinar os fatores e perguntas que indicarão as qualidades de QE do candidato; a segunda é que o entrevistador seja capaz de interpretar as respostas. Sem a interpretação adequada, o esforço é perdido."

Benefícios da contratação focada na IE

"A maioria das pessoas falhará não por causa do QI, mas por causa do QE. Portanto, sem considerar o QE, você está perdendo um ingrediente essencial para o sucesso no trabalho."

Como um líder ganha a confiança de sua equipe?

"Eu acho que existem quatro fatores que levam à alta confiança. O fator primordial é a integridade. Os líderes devem agir com integridade em tudo o que fazem. Sem isso, tudo será visto com desconfiança. Assim, uma vez que o líder esteja ancorado na integridade, existem quatro fatores que podem ajudar as pessoas a se moverem em direção à confiança.

1) Contribuições justas e igualitárias: *as pessoas devem perceber que o líder contribui com o seu sucesso e com o sucesso da organização. A justiça deve se estender à forma como são tratadas em termos de remuneração, disciplina, oportunidade etc. Em outras palavras, os funcionários devem perceber que estão sendo tratados de forma razoável e justa em todos os aspectos do trabalho.*

2) Gratidão: *as pessoas querem acreditar que elas e seus esforços são apreciados. O reconhecimento não precisa ser elaborado, mas precisa ser sincero. Também deve ser de todos os níveis da organização, embora seja especialmente importante que o supervisor imediato de um profissional reconheça a contribuição do funcionário.*

3) Importância: *as pessoas precisam sentir que os trabalhos que estão fazendo são importantes para a missão geral da organização. E, também, ELES são importantes. Todos os trabalhos, não importa quais sejam, têm um papel no sucesso geral da organização. Na maioria das vezes, quando as pessoas se sentem valorizadas – tanto pelo trabalho que fazem quanto como indivíduos –, elas se orgulham do que estão fazendo e querem ser bem-sucedidas. E o sucesso individual é igual ao sucesso organizacional quando tudo está alinhado.*

4) Proximidade: *este é um conceito simples que é muito poderoso. As pessoas querem ser vistas e reconhecidas como indivíduos. Conhecer as pessoas e cuidar delas e de suas famílias são atitudes que têm um impacto simples, mas profundo. Quando fazemos isso de maneira genuína, as pessoas respondem de forma positiva."*

Parte 2 • Capítulo 1

Inteligência Emocional X competência técnica

"Na minha opinião, as competências profissionais são fundamentais, mas as soft skills são o diferencial. Habilidades profissionais tornam você bom em seu trabalho. As habilidades emocionais podem torná-lo ótimo. Além disso, habilidades profissionais com pouca ou nenhuma habilidade social podem torná-lo um desastre para os clientes, para os colegas de equipe e para os fornecedores.

Com alegria e entusiasmo participo desta obra, pois a Lúcia Meili tem todos os atributos de alta confiança e inteligência emocional combinados, além das habilidades profissionais. Sua capacidade de 'ler' uma situação ou um indivíduo, saber como responder para obter uma reação positiva, ajudar os outros a ver seus potenciais e sonhos, ter empatia e se conectar com os indivíduos, e conectar o indivíduo com a organização, são apenas algumas das qualidades que ressalto quando penso na Lúcia. Além disso, sua integridade e seu desejo de fazer a coisa certa em todas as situações são qualidades fundamentais. Ela é ambiciosa, o que lhe permite fazer coisas que os outros não tentam. Outra qualidade que a Lúcia tem que me deixa feliz é que ela enfrenta a vida com alegria e persegue seus sonhos. Sua alegria, mesmo em tempos desafiadores, é algo que acho inspirador. Ela é simplesmente uma pessoa incrível e inspiradora." Adele Lynn

Com Adele Lynn e o time de facilitadores: workshop sobre Inteligência Emocional (Orlando, 2003).

Da esquerda para a direita: Adele Lynn, Lúcia Meili, Guido Britez, Mari Gonzalez e David Gonzalez.

Capítulo 2

O RH E A INOVAÇÃO NAS ORGANIZAÇÕES

Em uma das edições do CPSI (Creative Problem Solving Institute) entre os anos 2002 e 2003, tive contato com os autores e com a metodologia do FourSight, um instrumento que mede o perfil do pensamento inovador.

Gostei muito da praticidade do instrumento, o que me fez buscar a certificação nos Estados Unidos com o Gerard Puccio, criador da metodologia, e Blair Miller, ambos professores da Universidade de Buffalo.

O FourSight tem uma ligação direta com a inteligência emocional, porque a criatividade não está ligada inicialmente ao cérebro racional, mas sim ao lado emocional (lado direito do cérebro). Logicamente, depois usamos o lado racional para fazer as análises do conteúdo que o cérebro criativo nos propôs durante o processo do pensamento inovador. É dessa forma que a inovação acontece, já que ela é filha da criatividade. Então, sem a criatividade não há inovação e, por sua vez, a criatividade provém do nosso lado emocional.

Atualmente, muito se fala a respeito de inovação, de programas e ferramentas que pretendem explorar esse universo, até projetos mais complexos envolvendo grandes investimentos material e humano para alavancar os negócios. Esforços esses muito válidos, pois a inovação sempre fez parte do desenvolvimento da humanidade, é um processo natural, intuitivo e, sem dúvida, uma questão de sobrevivência do ser humano.

No reino animal existem três respostas instintivas de sobrevivência: atacar, fugir ou paralisar.

O ser humano tem mais uma opção: inovar!

A inovação é a criatividade aplicada, algo útil e com valor. Poderíamos citar várias definições de criatividade, e todas seriam muito válidas. O fato é que, normalmente, as pessoas associam criatividade com habilidades artísticas, mas ela vai muito além disso, é uma habilidade para solucionar problemas, fazer escolhas e desenvolver formas diferentes de pensar e agir.

Todos nós somos criativos, de formas diferentes!

Quando falamos desse assunto, precisamos citar os trabalhos de Alex Osborn, que criou o brainstorming e o processo criativo de solução de problemas há mais de 60 anos. Trata-se de um processo universal e intuitivo, que todos nós usamos ao enfrentar uma adversidade ou ao tomar uma decisão, seja para comprar uma casa ou uma empresa. Esse processo se desdobra em etapas distintas de clarificar a situação ou problema, buscar informações, gerar opções para resolver a questão, aprimorar a ideia e implementá-la. Todas essas etapas são fundamentais para obtermos êxito, e se alguma falhar, nossa solução não será completa.

Em consonância com esses princípios, Gerard Puccio, professor da Universidade de Nova York, vem estudando os perfis das pessoas diante de situações desafiadoras há mais de 20 anos.

Como resultado desse trabalho, ele desenvolveu o FourSight, o perfil do pensamento, que demonstra o caminho natural ou as preferências de cada um ao resolver problemas. O FourSight aponta onde colocamos a nossa energia, quais são os nossos pontos fortes ou nossos potenciais pontos cegos ao enfrentarmos os desafios. O questionário é capaz de identificar se somos mais propensos a esclarecer a situação, buscar mais dados e informações antes de partir para a solução – fase de clarificação; se naturalmente nos engajamos na geração de ideias e possíveis soluções – fase de ideação; se preferimos pegar uma ideia e dedicar mais tempo ao seu aprimoramento – fase de desenvolvimento; ou se a energia é colocada para traduzir as ideias em um plano de ação e sua execução – fase de implementação.

Nessa metodologia, conforme as preferências individuais, são definidos quatro perfis: Clarificador, Ideador[6], Desenvolvedor e Implementador, e cada um de nós demonstra preferência por um deles, ou pela combinação de dois, três ou quatro perfis; nesse último caso, identificado como perfil Integrador.

Não existe um perfil melhor do que o outro, todos são importantes quando se enfrenta um desafio, pois todos têm suas contribuições a oferecer na atuação em equipe.

Dessa forma, podemos refletir sobre os motivos que levam alguns projetos de inovação a não decolarem nas empresas, apesar dos investimentos e das ferramentas de última geração. Será que estamos levando em consideração os perfis das pessoas que atuam nesses projetos? Será que as equipes são diversificadas, em que cada um contribui com suas preferências naturais? Ou será que são muito homogêneas e não caminham para uma solução efetiva do projeto? Quais serão

---

6 Ideador é aquele que pratica o ato de idear, ou seja, de gerar ideias.

os impactos nos negócios se estivermos trabalhando com equipes muito homogêneas?

Muitas vezes isso acontece, quando os líderes buscam contratar pessoas com perfis semelhantes aos seus. Podemos imaginar como seria uma equipe composta somente por Clarificadores? Provavelmente eles ficariam buscando todas as informações, esclarecendo todas as dúvidas em relação ao problema antes de seguir adiante, podendo ficar engessados nessa fase.

E se fossem apenas Ideadores? Poderiam ter muitas ideias incríveis, passando de uma à outra sem dedicar tempo para aprimorá-las e implementá-las.

Assim como uma equipe de Desenvolvedores puros ficaria avaliando e aprimorando as ideias sem dar o próximo passo, podendo perder o timing adequado.

Finalmente, um time de Implementadores teria muita energia para fazer as coisas acontecerem de forma ágil e sem paciência para esperar os demais. Dessa forma, poderiam perder detalhes e pular etapas importantes, como na escolha das melhores opções ou no aperfeiçoamento da ideia, comprometendo dessa forma a entrega final.

Fazendo uma analogia com o esporte, seria como em uma corrida de revezamento, quando um atleta passa o bastão para outro com mais energia e fôlego para continuar e terminar a corrida! Portanto, trabalhar com uma equipe diversificada seria o ideal, mas e se não tivermos essa possibilidade?

O FourSight também oferece orientações para o desenvolvimento de todos os perfis dentro de uma equipe, sobre como utilizar melhor nossos pontos fortes e fortalecer os fracos quando trabalhamos em equipe ou quando precisamos resolver problemas e tomar decisões mais assertivas.

Com o conhecimento dos perfis do time, tanto pelos líderes como pelos seus integrantes, os projetos são conduzidos com menos conflitos e com maior produtividade, pois as diferenças passam a ser respeitadas e valorizadas, em vez de rejeitadas ou criticadas.

Inovação não é só tecnologia avançada

Toda empresa sabe que precisa fomentar a inovação, porque sem isso os negócios não prosperam e não sobrevivem às mudanças da sociedade e do mercado. Só que muitas atrelam a inovação à tecnologia e acabam direcionando todos os seus esforços para o avanço tecnológico e para a aquisição de computadores de última geração. Sim, a tecnologia é uma parte importante, porém é preciso criar uma cultura na empresa que fomente a inovação, uma cultura baseada na inteligência emocional. As pessoas têm que ter autonomia, ter liberdade para pensar, perguntar, testar, errar, consertar. Quando a organização prioriza uma cultura muito coercitiva, em que os erros são punidos com demissão sumária ou com execração pública, fatalmente haverá o bloqueio do pensamento criativo, pois as pessoas ficam com medo de falar, de errar, de serem ridicularizadas. Muitas vezes, ideias brilhantes precisam de um tempo para serem assimiladas, por causa justamente de seu ineditismo. Se um líder não souber valorizar sugestões que num primeiro momento pareçam esdrúxulas, pode estar trabalhando contra a inovação na empresa, que nunca vai conseguir ter avanços significativos apenas com seus supercomputadores de ponta e caríssimos.

Então, tecnologia e cultura favorável ao pensamento inovador devem andar juntas, pois só assim os resultados aparecerão. Uma cultura propícia à inovação está fundamentada no espírito de time, onde a fortaleza de um complementa o ponto cego do outro, onde as pessoas são respeitadas e valorizadas pelas suas contribuições, pelo que são como seres humanos e como profissionais.

Inovação é uma questão de sobrevivência!

Eu continuo aplicando o questionário em várias empresas, pois vejo que muitas equipes são conflitantes justamente porque nem todo mundo pensa igual. Mas isso é ótimo! Quando você consegue ter maturidade para trabalhar com pessoas de perfis diferentes dos seus, a empresa só tem a ganhar.

E é aí que entra o RH, com conhecimento, perspicácia e habilidade para propiciar a sinergia que todo o time precisa para se engajar, motivar, se desenvolver e principalmente contribuir com a construção de uma cultura que promova e mantenha a inovação.

Capítulo 3

EM BUSCA DO PROPÓSITO, O *SCRIPT* DA SUA VIDA

Ao retornar ao mercado de trabalho como consultora de RH, apliquei muitos dos conhecimentos adquiridos no CPSI, primeiramente na Natura, onde prestava serviços. Lá em Buffalo, fiquei especialmente tocada ao assistir a uma palestra que levava o nome de *"It's a Wonderful Life"* – foi um divisor de águas na minha vida pessoal e profissional. Trata-se de um exercício para ajudar as pessoas que estão em busca do seu propósito de vida. A experiência foi tão relevante que decidi compartilhar com mais pessoas. Retornando ao Brasil, adaptei essa vivência utilizando trechos de filmes e documentários que passassem mensagens motivacionais e inspirassem o público a pensar de forma distinta na diferença que cada um fazia no mundo. Essa abordagem visava tornar a experiência lúdica, porém, levando a uma reflexão mais profunda, com o intuito de fazer as pessoas tirarem seus sonhos do fundo do baú para redescobrirem seus talentos, suas qualidades e paixões, e finalmente descobrir seu propósito de vida, e trabalhar para realizá-lo.

O exercício recebeu esse nome devido ao filme utilizado como base, *It's a Wonderful Life*, feito em 1946 e que aqui no Brasil ganhou o nome de *A Felicidade não se Compra*. O filme traz em sua bagagem importantes *insights* sobre comportamento, inteligência emocional, comunicação, relacionamentos, identidade, missão e relacionamento familiar.

Eu começava perguntando:

"Se você fosse descrever o script da sua vida, qual seria?

Um drama, uma comédia, uma aventura...

Você está feliz com esse roteiro?

Se quisesse mudar, qual roteiro escolheria?"

Seguia dizendo que sempre há escolhas em nossa vida e que podemos mudá-la sempre para melhor. O exercício é fundamentado nos princípios dos pensamentos divergente e convergente, que utilizam a mente emocional e racional, e convidam o espectador a participar dessa experiência, de forma profunda e emocionante.

Foram utilizados vários trechos de filmes, cada um com uma mensagem específica em cada fase, levando as pessoas a realizarem uma viagem interna e resgatarem coisas importantes que acabaram ficando esquecidas ou guardadas numa gaveta quase inacessível.

Ao final dessa revisitação interna, as pessoas estavam prontas para declarar o seu real propósito de vida, a diferença que faz nesse mundo, ou que poderia fazer.

Terminava a palestra instando os presentes a traçar um plano para atingir suas metas e pensar com quem poderiam contar para realizar esse plano, já que ninguém está sozinho se tem amigos. *"Compartilhar o seu propósito com as pessoas que lhe são caras é o primeiro passo para conseguir apoio e sucesso.*

Em busca do propósito, o script da sua vida

Agora é com você! Se deseja reescrever o script da sua vida, a hora é agora, afinal o que o impede?"

Nesse período em que me tornei consultora e palestrante autônoma, eu tinha um grande amigo que conheci fazendo trabalhos para a Natura, o Enilton Ferreira, que tinha uma agência de publicidade. Ele começou a "vender" minhas palestras fazendo um sensível trabalho de *marketing*. Ele gostou demais da *"Wonderful Life"* e logo achou que seria muito importante em vários ambientes corporativos. Diante disso, o Enilton criou uma programação chamada "Manhãs de Aprendizagem". Nós não ganhávamos para fazer a palestra. Ele apresentava o projeto gratuito para as empresas e, se elas se interessassem, lá estávamos nós. Eu digo que ninguém ganhava nada financeiramente, mas todos acabavam ganhando visibilidade, pois com essa ação, o Enilton divulgava não só sua agência, mas todos os palestrantes. A plateia era formada de funcionários das organizações que cediam seu espaço e de pessoas influentes que ele convidava. Assim, essas "Manhãs de Aprendizagem" me abriram muitas portas para conseguir muitos trabalhos em grandes empresas.

Um desses trabalhos foi em São José dos Campos (SP), e um dos espectadores era o ex-vice presidente executivo de finanças da Embraer, Manoel Oliveira, que estava à frente de um projeto social maravilhoso. Ele gostou da palestra e me convidou para participar do projeto feito em conjunto com o ITA (Instituto Tecnológico de Aeronáutica), o CASD Vestibulares.

Os alunos do ITA criaram um cursinho gratuito para jovens que estudavam em escolas públicas, a fim de que ampliassem seus conhecimentos para ingressar na faculdade. O Manoel entrou nesse projeto para subsidiar os alunos que conseguissem entrar em uma universidade pública, custeando os gastos diários nos seis primeiros meses, até que esses estudantes arranjassem um estágio para se sustentar.

E como eu acabei me conectando com esse projeto?

O Manoel me disse que, apesar dos esforços, muitos alunos desistiam de fazer o cursinho, porque já partiam do pressuposto de que não tinham capacidade e que não iriam conseguir concorrer a uma vaga em uma boa universidade, por toda a conjuntura social e história de vida. Ele me pediu então que fizesse um trabalho de mentoria aos sábados, para tentar resgatar a autoestima e a autoconfiança desses alunos. Era um tipo de *coaching* coletivo. Eu fazia a palestra e algumas dinâmicas para que eles percebessem que eram iguais a todo mundo e que não tinham que perder a confiança.

Foi aí que eu tive o prazer de voltar a trabalhar com meu amigo José Carlos Moretti, pois ele morava em São José dos Campos e trabalhava na J&J. Fizemos palestras com grande significado nesse projeto.

O José Carlos e eu criamos o "Domingo Feliz". Foi um domingo inteiro de palestras e dinâmicas com 100 alunos do cursinho para fortalecer a autoestima e autoconfiança deles. Para essa ação, convidei outros psicólogos de São Paulo e envolvi o pessoal do Clube Pinheiros e do Mackenzie. O Manoel cedeu um campo enorme do ITA com uma grande estrutura para esportes. Cada grupo de alunos tinha uma cor de camiseta diferente e eu me lembro que o Manoel até me perguntou:

"Lúcia, mas tem tanta gente! Você vai conseguir organizar tudo?" Eu disse: *"Vai dar tudo certo!"*

Fizemos a dinâmica em formato de gincana e nós, psicólogos, avaliamos o comportamento dos alunos, quesitos como liderança, resolução de conflitos, motivação. Com isso, o Manoel tinha o intuito de investir não só nos melhores alunos que entravam na universidade, mas nos que apresentavam condições de ter sucesso, que tinham comprometimento pessoal, enfim, que eram bons não só na inteligência racional, mas na emocional também.

Tudo que eu e o José Carlos fazíamos nas empresas, para formar líderes, nós adaptávamos para passar para esses alunos. O resultado foi surpreendente: naquele ano de 2003, nós conseguimos colocar mais de 50% desses alunos em universidades públicas. Foi uma experiência muito bacana, que me levou novamente a prestar serviços para a Johnson & Johnson. Olha que círculo virtuoso!

Recentemente, tive a oportunidade de conversar com o Manoel Oliveira depois de um longo tempo, por meio de uma notícia que vi no LinkedIn sobre a participação dele na diretoria do BBI (Brasil's Best Institute). Manoel também é presidente honorário do INVOZ (Instituto Ozires Silva), membro executivo do CASD Vestibulares e um dos fundadores do Instituto Semear. Engenheiro civil e veterano da Força Aérea Brasileira, participou de missões nos Estados Unidos e Europa para a implementação da cooperação bilateral de tecnologia. Pelo conjunto de suas ações, receberá em 2023 o título de cidadão Joseense (de São José dos Campos). Tive uma grata surpresa e vi com muita satisfação que o projeto social dele se desenvolveu tanto, que hoje já impactou mais de cinco mil jovens! Neste nosso reencontro, tive a honra e a felicidade de ouvir do Manoel que aquela nossa parceria lá atrás foi uma sementinha que contribuiu para a caminhada do Instituto Semear, fundado em 2010. Ele compartilha do mesmo pensamento que tenho sobre a transformação de vidas que transforma outras vidas: "Na hora em que os alunos são selecionados, nós percebemos que já trazem latente a necessidade de devolução à sociedade daquilo que eles vão receber".

Voltando à palestra *"Wonderful Life"*, eu não a aplicava apenas no ambiente corporativo e para um grande público. Vi sentido em levar essa palestra, em formato menor, para alguns amigos que poderiam se beneficiar dela em algum momento que estavam passando na vida. Quando propunha fazer a apresentação, sempre tinha boa acolhida.

Depois de aplicar a palestra para a família de uma das minhas amigas, ela declarou:

"Lúcia, a sua generosidade em nos trazer esse conteúdo fez toda a diferença! Essa palestra é um instrumento poderoso e ajudou a minha família a enxergar o papel de cada um na felicidade do outro. Obrigada!"

Fiquei muito emocionada ao ouvir isso e senti que valia a pena prosseguir, pois estava cumprindo um dos meus propósitos de vida.

Capítulo 4

VERDADEIROS LÍDERES ESTÃO SEMPRE APRENDENDO

"Líderes não cuidam de resultados. Líderes cuidam de pessoas, e as pessoas geram resultados." [7]

A frase que dá nome a este capítulo é de Kenneth Blanchard, a quem tive o prazer de conhecer em 2003, quando participei do programa de atendimento ao cliente Having Fans, em Orlando, na Flórida.

Eu já toquei no assunto liderança várias vezes ao longo dos capítulos anteriores, mas neste, vou detalhar minhas experiências com os líderes que passaram pela minha vida e, ainda, alguns conceitos sobre o assunto.

Lúcia e Kenneth Blanchard.

Um líder de verdade tem que descobrir o que o colaborador tem de melhor e ser habilidoso o suficiente para transformar diamantes brutos em joias belíssimas. Líder não pode ser simplesmente um chefe, aquele que exige, que humilha, espezinha as pessoas (acreditem, cheguei a ouvir esse termo de um executivo certa vez – "gosto de espezinhar as pessoas para saber até onde aguen-

---

7 Simon Sinek.

tam!") e que, só porque ele tem o poder e um crachá – que é algo momentâneo –, se julga um ser humano superior e acima de qualquer crítica. Muito pelo contrário: líder é um profissional que deve ter uma visão humanizada e que ajuda a desenvolver as pessoas que estão sob sua batuta. Além disso, um líder precioso para a empresa é aquele que atua com o "olhar do dono" e contagia a equipe para desenvolver esse olhar também.

A FIA (Fundação Instituto de Administração) lançou um *e-book* sobre os tipos de líderes: *Estilos de Liderança – guia completo das principais competências para ser um líder de sucesso* – FIA Business School, para o qual tive a honra de colaborar.

Perfis de liderança:

- Inspirador
- Educador
- Maternal
- Democrático
- Direcionador
- Coercitivo
- Bloqueador

✓ Para ser inspirador é preciso ser autoconfiante, demonstrar empatia e estimular mudanças.

✓ Para ser educador é preciso demonstrar empatia e ter repertório para desenvolver outras pessoas.

✓ O líder democrático aceita trabalhar em colaboração com a equipe e gosta de estimular a apresentação de ideias.

✓ A liderança maternal é exercida com empatia e construção de relacionamentos, entretanto, o líder maternal não pode perder o foco na hierarquia.

- ✓ O líder direcionador foca no resultado, planeja com muito cuidado cada uma de suas iniciativas para orientar cada etapa do trabalho.

- ✓ O líder que tem a característica coercitiva (ou decide desenvolvê-la num determinado momento da empresa) precisa ter autocontrole e ser proativo, ou seja, deve ter a capacidade de antecipar percalços e ganhar tempo.

- ✓ Finalmente, se um líder tem a característica bloqueadora é porque não possui qualidade legítima para ser um líder.

Destaco aqui dois perfis opostos para termos uma ideia do papel de cada um.

Líder maternal: em qual situação específica este estilo seria adequado? Imagine que você tenha um time com pessoas de vários níveis de maturidade. Seu estilo com uma pessoa "verde" ou "júnior" poderá ser maternal. Imagine, por exemplo, que essa pessoa teve um grande problema familiar ou mesmo dentro da empresa: cometeu um erro no trabalho. O líder tem que ter empatia diante da falta de maturidade emocional dessa pessoa. A melhor atitude é acolher, ouvir, tentar entender por que ela errou, apoiá-la, orientá-la e mostrar que está junto com esse funcionário fragilizado, para ajudá-lo a não cometer mais erros e resolver o problema causado. É importante que se diga que não é possível fazer isso repetidamente, senão, o líder não ajuda o funcionário "júnior" a evoluir. Se o caso em questão é um problema familiar, o líder tem que dar um prazo para que o funcionário se restabeleça, pode oferecer antecipação das férias, dar uma licença, enfim, mostrar acolhimento também. Reforço que essa atitude do líder não deve virar rotina, para que a liderança seja efetiva.

Líder coercitivo: este estilo também tem o seu lado importante em momentos muito específicos, porque é muito legal você trabalhar numa empresa onde o ambiente é democrático, as coisas são discutidas, todo mundo pode opinar, discutir ideias... é maravilhoso, certo? Mas vamos supor que a empresa comece a passar por um momento delicado, de grande pressão, tenha perdido mercado e grandes clientes, e que vai precisar reduzir 30% do seu efetivo rapidamente, senão o negócio vai falir. Aí não adianta você querer abrir e discutir a questão, porque serão muitas as opiniões divergentes. O líder coercitivo entra em ação para tomar decisões impopulares. Ele tem o dever de informar, por exemplo, que a partir de tal data serão desligadas tantas pessoas, dizer que a decisão da diretoria é essa e que será implantada para a sobrevivência do negócio. Ponto. Se o líder não assumir o perfil coercitivo e tomar essa atitude amarga nesse momento específico, corre o risco de ter que demitir todo mundo depois, porque a empresa não sobreviverá. Após a tempestade, o líder tem que chamar os que ficaram e resgatar o relacionamento, o acolhimento. Somente em casos como esse que eu vejo a necessidade de ter um líder coercitivo.

Pode-se dizer que o coercitivo puro não é produtivo, pois ele perde bons profissionais que são maduros e não querem ficar com o tal xerife no calcanhar. Por outro lado, profissionais comprometidos e responsáveis também não gostam de ter a todo momento um líder 100% maternal, que fica toda hora passando a mão na cabeça, sendo o bonzinho, pois isso inclusive acarreta perda de credibilidade e confiança da equipe. Isso também irrita as pessoas profissionalmente maduras.

Então, vamos supor que você seja um líder que tem uma tendência maternal ou coercitiva muito acentuada, você terá que exercitar outros estilos de liderança para conseguir se adaptar às mudanças na equipe e na empresa. De outra forma, poderá não estar apto a sobreviver no emprego.

Em minha participação no *e-book* da FIA, resumi o que é para mim a arte de liderar:

"Liderar é trilhar um caminho cheio de pressões, prazos, momentos tensos e desconfortáveis, de decisões difíceis e de incertezas certas. Liderar também é ter a capacidade de se conectar com a essência humana dos que estão sob seu comando, suas competências, seus anseios e suas dúvidas. Liderar é assumir a responsabilidade por ajudar a desenvolver o potencial das pessoas, respeitar seus valores, suas diferenças, e aprender com elas como trilhar esse caminho de descobertas e desafios. Não se espera que o líder tenha todas as respostas, apenas que seja humano, um eterno aprendiz na vida pessoal e profissional".

Liderança situacional

Assim como nos perfis apontados pelo FourSight, é importante que se diga que não há um único estilo de liderança aplicável para cada um. Existe a liderança situacional, formatada na Teoria de Paul Hersey e Kenneth Blanchard. Os autores de *Psicologia para administradores: a teoria e as técnicas da Liderança Situacional* dizem que esse tipo de liderança é um modelo que gira em torno da capacidade do líder de se adaptar a qualquer contexto e situação, e consiste na consciência sobre a maturidade do liderado e a situação encontrada.

O ideal é que o líder tenha flexibilidade conforme os desafios vão surgindo. Ele pode ter uma tendência, mas deve ser flexível para se amoldar a cada momento da empresa. Esse é o líder que toda corporação busca, uma pessoa capaz de fazer a leitura do cenário, do nível de maturidade do time, do nível das necessidades de tomada de um novo rumo e da gravidade dos problemas e desafios enfrentados, ou seja, o líder precisa ter um olhar sistêmico para ponderar muitos fatores.

Para que todas as estrelas brilhem

Um líder genuíno brilha e, ainda, permite que os membros de sua equipe emanem, cada um do seu jeito, com seu próprio brilho. O papel do líder é entender o perfil das pessoas, os desejos delas, entender o que a organização precisa, e fazer um *match* desses dois objetivos. Se o líder tem uma equipe brilhante, ele tem que ser mais brilhante ainda e dar crédito a quem faz um bom trabalho, e nunca os rechaçar por inveja. É aquela velha máxima: não adianta apagar a estrela do outro, pois a minha não irá brilhar mais por conta disso. Então, se todos brilharem, o brilho da equipe inteira vai poder ser visto de muito mais longe. Sempre é preciso preparar lideranças com essa visão, porque, infelizmente, existem chefes que têm ciúme dos membros do seu time, querem ter invariavelmente a melhor ideia, a palavra final, e acabam empobrecendo a equipe, pois as pessoas deixam de dar ideias. Pior ainda é aquele chefe que se apropria da ideia de uma pessoa de seu time e leva para o superior como se fosse dele próprio. Isso é inadmissível, levando a equipe a boicotar a chefia e, por conseguinte, a empresa; pois se o profissional vê sua ideia sendo usurpada, vai buscar outra organização para ser valorizado. As organizações que não enxergam esse tipo de liderança tóxica estão fadadas ao fracasso.

Penso que a empresa que zela pelo bom clima e ambiente de trabalho está sempre empenhada em promover ações de integração e engajamento. Seus líderes compartilham suas visões de um futuro melhor, apoiam projetos que estimulam a participação e o envolvimento de todo o time na busca por melhores soluções e fomentam o pensamento inovador, que é o melhor remédio, especialmente para os momentos de crise. Além do mais, os líderes são avaliados pelo alcance das metas individuais e pela aderência aos valores corporativos. Portanto, há uma métrica possível para avaliar o que muitos acham subjetivo apenas.

E como conciliar liberdade e autoridade?

Um líder de verdade sabe muito bem como fazer isso. Ele conquista o respeito, não impõe as coisas. Para um líder, se a pessoa que está sob o seu comando entregou aquilo que ele pediu, está valendo, está tudo certo – ainda mais neste período em que o *home office* é uma realidade presente em 99,9% das organizações em que é factível. O líder tem que conversar com a equipe, dizer que há uma situação a resolver, um produto para desenvolver, e expor quais são os quesitos e os *inputs* para que a tarefa seja completada; depois, deve envolver a equipe pensando alto sobre os possíveis desdobramentos do projeto.

Toda empresa precisa ter líderes inspiradores, que contratam as pessoas não para dizer pura e simplesmente o que elas devem fazer, mas sempre abertos a perguntar ao colaborador o que ele pode fazer pela empresa. Esta é uma mudança de paradigma que aponta para o futuro, não tem mais volta.

Não é por acaso que muitas das empresas que recebem prêmios como as "melhores para se trabalhar" são também as que mais faturam, pois promovem a cultura participativa, permitem o desenvolvimento do seu pessoal e acabam mantendo por mais tempo seus funcionários. São empresas que cobram dos líderes essa postura mais positiva, inteligente e agregadora. Aquele estilo de chefe que diz: *"Faz o que eu mando porque eu sou teu chefe"* é do século passado!

Pode-se aprender a exercer uma liderança saudável e não tóxica?

Eu sempre acho que tudo tem jeito desde que a pessoa queira. Na verdade, eu nunca cheguei para uma pessoa e disse: "Você não tem perfil para ser líder". Bem, acho que falei uma vez e, mesmo assim, não foi de bate-pronto. Eu já tinha conversado com a pessoa e me proposto a ajudar na melhoria do seu estilo de liderança, a fim de que ela tivesse melhores resultados. E quando se percebe que a liderança não está funcionando bem? Quando as pessoas pedem demissão, não demonstram respeito, quando cai a produtividade e outros índices negativos aparecem. O descontentamento da equipe é um sinal visível e faz soar o alarme. Bem, comecei a fazer um trabalho de *coaching*, mas essa pessoa não estava convencida de que precisava mudar. Percebi que, no fundo, a aderência à minha proposta havia sido por uma questão política dentro da empresa e não porque ela queria de fato alterar sua forma de liderar. Foi quando eu expliquei que não era meu papel convencê-la a mudar, mas que a decisão teria que partir dela, pois ninguém muda ninguém.

Interessante como a vida nos reserva surpresas. Após muitos anos, essa pessoa voltou a me procurar pedindo ajuda para aprimorar a sua Inteligência Emocional, pois percebeu quantas oportunidades foram perdidas por não ter desenvolvido essas habilidades. Cada um a seu tempo!

Há aqueles que já nascem com mais habilidade para ser um bom líder, mas também é possível formar um, desde que a pessoa tenha consciência de suas limitações e queira transformar sua forma de liderar a partir de boas práticas. Eu já vi líderes que queriam sinceramente ser melhores e conseguiram, porque aceitaram ajuda, foram determinados em seus objetivos, olharam para os seus *gaps* de comportamento e resolveram mudar.

Verdadeiros líderes estão sempre aprendendo

Eu costumo dizer que se a mudança não vem pelo amor, vem pela dor. Se ele aceita aprender a ser melhor, ele andará num caminho com menos pedras e será mais feliz e valorizado. Muitas vezes, um mau líder pode estar em dificuldades, precisando de ajuda e orientação de como obter melhores resultados através das pessoas e não apesar delas.

É dever da empresa dar um *feedback* a um bom profissional que não percebe que está no rumo errado.

Foi muito gratificante reencontrar esse profissional após algum tempo e colaborar com o desenvolvimento das suas competências emocionais.

A principal mudança desse líder em questão foi desenvolver o autocontrole e a empatia; ele compreendeu que não gostaria que ninguém falasse com ele do jeito que falava com seus subordinados.

Perceber e avaliar o impacto das suas ações nas pessoas e na empresa, reavaliar suas atitudes e comportamentos para obter melhores resultados foi determinante para a guinada na sua carreira profissional.

Aqui neste ponto, preciso contar para vocês um fato relevante. Eu não ia citar o nome do protagonista desta história, mas, encontrei o Weslley Fabrício exatamente quando esta obra estava sendo finalizada. Ele me procurou, pois passava por um momento dramático em sua vida profissional e, quando contei sobre o livro, Weslley fez questão de dar seu depoimento, com o intuito de incentivar outros profissionais a trilhar um caminho de transformação pelo desenvolvimento da Inteligência Emocional. Vamos ouvi-lo.

Eu controlo a gangorra agora

"A Lúcia estava implantando o RH na empresa de engenharia onde

trabalhávamos. Ela tinha um olhar atento a todos e percebeu que meu jeito de liderar não estava deixando meus liderados felizes. Eu era adepto daquela máxima que dizia: 'manda quem pode, obedece quem tem juízo e pede para sair quem não estiver aguentando!' Hoje eu nem posso ouvir coisas desse tipo! Naquela época, o pessoal aguentava para não perder o emprego. O filme 'Tropa de Elite', que tinha como protagonista o capitão Nascimento, havia sido lançado há pouco tempo, e aquele estilo do personagem parecia ressoar mais fortemente no meu modo de liderar, tanto que o pessoal me via e dizia: 'chegou o Capitão Nascimento!' Eu achava aquilo ótimo, porque entendia que era dessa forma que tinha que ser: eu agia assim, as pessoas trabalhavam, o esquema dava resultados, mas talvez os que estavam sob o meu comando não trabalhassem felizes, pelo contrário...

De fato, sempre tive uma personalidade muito forte, era uma pessoa difícil. Então, no princípio, eu não acreditava no trabalho de coaching e tive alguns atritos com a Lúcia; no entanto, ao longo do tempo, me rendi aos ensinamentos dessa mulher e profissional forte que, por sinal, tem o mesmo nome da minha mãe, outra mulher forte em minha vida, que contrabalançava a formação militar que eu tive. Meu pai era militar e eu estudei na Escola de Oficiais da FAB, imagine!

Quando conheci a Lúcia, eu era gerente de contratos, um cargo importante dentro da construtora; liderava cerca de 60 pessoas. Como diretora de RH, ela me enxergou como um profissional de valor para a empresa e quis me ajudar a crescer, a ser um líder melhor e a desenvolver minha inteligência emocional. Sempre fui considerado inteligente, mas em termos técnicos.

Eu não percebi naquele momento, só depois me dei conta de que era minha vida toda que estava envolvida naquele coaching, tanto que minha esposa, Carla - mais uma mulher forte ao meu lado, com a graça de Deus - ama a Lúcia, pois eu mudei não só no trabalho, mas em casa, como ser humano. Afinal de contas, nós somos um só e temos que ser coerentes em nossa conduta.

Bem, a Lúcia começou a me mostrar um novo caminho, me ensinou que há uma forma diferente de liderar, que não era preciso destruir para construir. Ela me fez ver que eu tinha que trazer as pessoas para perto de mim, ter empatia em meus relacionamentos e precisava desenvolver a escuta. Saber ouvir as pessoas é algo fundamental para um líder. Agora eu vejo como tudo o que ela me ensinou foi valioso. Às vezes, escapa aquele meu lado mais austero; é como estar em uma gangorra, tem altos e baixos, mas, nesses 15 anos, eu venho aprendendo a controlar essa gangorra. Isso é que é importante, saber que eu tenho que resgatar essa mudança dentro de mim sempre e ser um bom líder, nos bons e maus momentos.

Quando a Lúcia saiu da empresa, deixou um monte de órfãos. Recentemente, nos encontramos numa nova fase da vida, e me emociono ao dizer que ela me estendeu sua mão amiga na hora que eu mais precisava. Eu pedi apoio a ela porque fui desligado da empresa em que trabalhei por 24 anos, empresa que ajudei a crescer e se tornar uma das maiores do país. Comecei lá como estagiário e tive um baque enorme com a demissão, desmoronei, perdi o chão. Quando fui informado do meu desligamento, de uma forma muito fria, eu nem acreditei que aquilo estava acontecendo, pois achava que ia me aposentar naquela empresa. A pessoa só me disse que eu não estava entregando tanto quanto antes. Aí, numa questão de segundos, eu fui de um lugar de normalidade para o fundo do poço. Fui parar no hospital com o coração disparado, nem conseguia tirar a carteirinha do convênio do bolso, tal era minha tremedeira. Depois de uns dias, no momento em que estava retirando minhas coisas do escritório, percebi que eu não tinha identidade própria: meu e-mail era da empresa, meu computador era da empresa, meu celular, meu carro, tudo! Eu era uma figura totalmente associada à empresa. Minha esposa eu conheci lá, minha gatinha foi resgatada *de uma obra da construtora; enfim, tudo o que você perguntasse para mim tinha a ver com meu emprego.*

Com serenidade e sabedoria, a Lúcia me fez ver que ainda havia saída, que a vida não tinha acabado. Ela disse: 'Você é jovem, tem um ótimo currículo, vamos fazer um trabalho para sua recolocação'. Ela foi me dizendo tudo o que eu devia fazer, passo a passo, foi aquietando meu coração em meio àquele turbilhão que estava acontecendo dentro de mim; aí eu comecei a pôr os pés no chão novamente. Mas não foi nada fácil! Demorou umas três semanas para eu entender que não estava mais trabalhando naquela empresa. Eu continuava ligando para as pessoas e perguntando se o projeto estava dando certo. Era como se um parente muito próximo tivesse morrido, eu não quisesse acreditar e continuasse passando mensagens de WhatsApp pra ele... Que insano.

Eu lembro que a Lúcia foi muito clara e firme, apesar de toda a delicadeza dela, e disse: 'Acabou, faz a passagem, porque enquanto você não fizer isso, não vai conseguir dar o passo à frente que você precisa, necessariamente, dar'. Uma profissional brilhante e uma pessoa ímpar. Estou para ver o dia que a Lúcia vai desistir de ajudar um profissional. Ela não desiste nunca, não se cansa de esperar os resultados, nunca diz que não tem jeito.

Hoje, estou recolocado e atuando como diretor de obras em uma outra construtora, um cargo que almejava há muito tempo. E eu tenho a certeza de que eu só vou conseguir me manter no cargo se trabalhar sempre minha inteligência emocional, pois lido com pessoas o tempo todo; não é só um trabalho técnico de engenheiro. Hoje, eu consigo pedir desculpas quando estou errado, o que dá um alívio muito grande na alma. Isso tudo eu devo àquela sementinha que a Lúcia plantou durante o coaching. Um dos santos que eu sou muito devoto é São Francisco, e a oração de São Francisco para mim é a oração dos líderes: você tem que ser instrumento da paz na vida dos outros, nunca o contrário. A inteligência emocional muda o profissional, se ele permitir ser ajudado, claro.

Antes eu era impetuoso, arrogante, autoconfiante demais, explosivo, ansioso. Atualmente eu posso ser tudo isso, mas de forma controlada, e sou capaz de ter serenidade. Eu continuo tendo que fazer acontecer como líder, mas percebo quando passo do ponto e sei me conter. Essa percepção é de suma importância. Diante dessa minha caminhada, é muito reconfortante saber que as pessoas do time entregam seu melhor porque estão felizes e unidas por um propósito. Sou feliz e lidero pessoas felizes."

O caso do Weslley foi muito bem-sucedido!

Existem alguns líderes que demoram a entender que a transformação é necessária, já outros entendem logo e dizem: "Arrá! Por que não fiz isso antes?" E há também aqueles que optam por não mudar e, infelizmente, acabam sendo desligados.

Não critique, agregue

Kenneth Blanchard tem alguns ensinamentos muito diretos que vale a pena colocar aqui.

"O líder deve ter a capacidade de criticar, mas de maneira a conseguir desenvolver a pessoa que recebe a crítica e atingir seus propósitos; precisa saber reconhecer seus próprios erros; deve valorizar as aptidões individuais e coletivas de sua equipe; ser empático, pacientes e motivador; dar oportunidade para sua equipe se desenvolver individualmente também; e deve buscar ser respeitado, não temido."

Líderes têm que amar o que fazem para inspirar

Steve Farber é outro especialista no assunto que desejo citar e

Parte 2 • Capítulo 4

com quem aprendi muito. Trabalhei com ele nos Estados Unidos e traduzi para o português o treinamento *"Radical Leap"*, contido em seu *best-seller* de mesmo nome (no Brasil chama-se *Liderança Radical*).

Ele diz que se a pessoa quer se tornar não só um líder, mas o melhor líder que puder, tem que dar um salto radical por meio de quatro ações:

1. Cultivar o amor
2. Produzir motivação ao seu redor
3. Inspirar audácia
4. Ser uma prova viva de que está comprometido com seu objetivo

Tudo isso, segundo Farber, leva a pessoa a ser um líder radical, capaz de estimular outras pessoas a trilhar esse mesmo caminho. Para ele, a melhor liderança é aquela exercida com o coração. Com seus ensinamentos práticos, o autor e palestrante diz que o importante, no fundo, é saber qual a diferença que você está fazendo na empresa, na vida das pessoas e no mundo ao seu redor. Acima de tudo, o líder deve ter um desejo genuíno de causar impacto positivo na vida de quem trabalha com ele e tem que ter ciência de que os funcionários vão amar o que fazem somente se virem seu líder amar o que ele faz também.

Para escrever *Radical Leap*, Farber estudou a biografia dos grandes líderes da humanidade em várias épocas. E ele descobriu que todos tinham quatro fatores em comum: uma grande paixão pelo que fazem; uma energia e um brilho nos olhos que encantam e contagiam as pessoas; a característica de aceitar correr risco e ter ideias audaciosas; e a sabedoria de que não dá para mudar nada sem experimentar aquele sentimento mínimo de medo. Para Farber, se não houver o componente "medo" é porque o que se está fazendo é igual a tudo o que já foi feito, não tem nada de inovador.

Minha experiência

Trabalhar com a formação de líderes é uma missão. Se os líderes tivessem a real noção do impacto que causam nas vidas das pessoas, certamente a nossa sociedade seria muito mais inclusiva, acolhedora e produtiva.

Tive muita sorte de ter líderes inspiradores na minha vida profissional, e isso indubitavelmente moldou a minha forma de pensar e agir.

Na minha jornada, pude conviver com muitos líderes, de todos os estilos, alguns que colaboraram com meu desenvolvimento, outros nem tanto.

O importante é manter e cultivar os bons exemplos!

No início da minha carreira, na empresa canadense Massey Ferguson, tive a oportunidade de ser treinada pela minha gestora Elizabeth Stiebler, que desde o início depositou confiança no meu potencial, possibilitando que eu criasse e apresentasse programas de desenvolvimento para o time da empresa.

Na sequência, fui contratada pela J&J, uma excelente escola de RH. Eu me lembro do meu gerente de RH, Claudio Piotto, um líder inspirador, que abriu muitas portas para o meu crescimento.

Posteriormente, ainda na J&J, tive como gestor um profissional que veio da área de TI, Tasso Tito Pereira, pois já era comum na J&J fazer o *job rotation* para que os líderes adquirissem maior vivência em outras áreas da empresa. Foi uma experiência excelente, marcante, pois o Tasso chegou, reuniu toda a equipe de RH e disse:

Parte 2 • Capítulo 4

"Olha, estou chegando agora e não conheço nada de RH, quero que vocês elaborem uma apresentação sobre a razão de ser de cada área, Recrutamento e Seleção, Treinamento, Benefícios, Administração de Pessoal e Cargos e Salários". Foi fantástico, pois pela primeira vez pude enxergar o RH de forma sistêmica e com uma missão a cumprir. Lembro-me desse exercício até os dias de hoje, e isso mudou minha visão sobre o que fazer, como fazer e, principalmente, por que fazer as coisas.

Em seguida, tive a grande experiência de trabalhar sob a diretoria do Nelson Savioli, um profissional com uma visão *"muito fora da caixa",* que vocês vão conhecer melhor ainda nas próximas páginas.

São experiências como essas que fazem a diferença na vida das pessoas, como fizeram na minha. Foram momentos marcantes, não apenas pelas portas que se abrem por trabalhar em empresas que têm líderes com essa postura, que acreditam, que incentivam e dizem *"ok, conte comigo, vou te ajudar, vai lá",* mas pela evolução que essa caminhada nos proporciona como seres humanos.

O que mais poderíamos desejar?

Quantas histórias poderiam ter outro *script* se pudéssemos contar com mais pessoas que são verdadeiros líderes, e não simplesmente chefes?!

Capítulo 5

ASSÉDIO MORAL E SEXUAL: *COMPLIANCE* É SÓ UM CASTELO DE CARTAS?

Em meados de 2022, veio à tona um escândalo que fez o mundo corporativo corar de vergonha. O então presidente da Caixa Econômica Federal, Pedro Guimarães, pediu demissão após denúncias de assédio sexual feitas por funcionárias do banco. Quando os detalhes foram surgindo, muitas outras vítimas tomaram coragem para falar e descobriu-se que essa era uma prática corriqueira dentro do banco, praticada não somente por Guimarães.

Agora é que são elas. Feita a denúncia, esperam-se as devidas punições e os devidos ajustes no programa de *compliance* da Caixa. Alguns meses depois das denúncias, a Justiça do Trabalho determinou ao banco público que cumprisse imediatamente medidas de combate ao assédio moral e sexual e à discriminação. Depois do escândalo, a Caixa emitiu uma nota afirmando *"não tolerar nenhum desvio de conduta por parte dos dirigentes ou funcionários"*. Vamos esperar para ver os desdobramentos.

É incontestável que as práticas de *compliance* vieram para ajudar e que sem elas estaríamos piores. Mas quero aqui propor uma reflexão sobre o que podemos fazer para de fato erradicarmos esses comportamentos criminosos.

A grande maioria das empresas tem hoje o programa de *compliance*, de políticas anticorrupção, mas confesso que infelizmente algumas organizações divulgam políticas de *compliance* apenas como *marketing*. Parabenizo as boas empresas que fazem dessa prática um modelo de gestão inteligente de negócios.

Agora, com os casos indo para a mídia, tenho a expectativa de que as coisas caminhem para uma evolução desses mecanismos de controle. As pessoas talvez levem mais a sério, pois não adianta ter uma pessoa tecnicamente boa, mas que, em contrapartida, rompe com todos os valores da empresa. Se quem tem que tomar a atitude de punir ou demitir a pessoa que cometeu assédio de qualquer tipo não agir, a empresa como um todo perde a credibilidade, porque todos vão dizer: *"Isso é só política para inglês ver, quando a coisa aperta e chega a níveis superiores, o que se faz é abafar o caso".*

Quando são empresas grandes, a imprensa ajuda, mesmo assim passa um tempo e parece que tudo é esquecido, e os comportamentos se repetem. As empresas maiores são mais visadas, mas isso pode acontecer até mesmo em organizações minúsculas e fica difícil chegar ao quarto poder. De qualquer forma, quando um escândalo de assédio vai para a mídia, isso é benéfico para toda a sociedade, pois aí podemos ver claramente que, se o *compliance* é só de fachada, o castelo de cartas desmorona. É sempre assim: quando não há sustentação nas ações, o vento sopra e faz cair tudo. Felizmente o vento está soprando para mostrar a verdade, e que a verdade realmente vença no final das contas. Eu acredito muito nisso – está havendo uma evolução e isso dá esperança de que possamos acelerar um pouquinho o passo para uma mudança de mentalidade corporativa.

Fiquei sabendo de um caso de assédio moral em uma empresa onde um amigo trabalha e, lá, a política de *compliance* e anticorrupção foi seguida à risca. Uma denúncia de assédio moral chegou ao diretor da área, que por sua vez era amigo do denunciado. Ele não levou a denúncia adiante para não prejudicar o amigo. Como não houve resposta sobre o desfecho do caso, este foi levado ao presidente da organização, que foi taxativo: *"Se o diretor quer passar a mão na cabeça do gerente que cometeu o erro, todo esse escalão será demitido".* E demitiu todo mundo a partir do diretor, pois não admitia que um executivo do alto escalão fosse contra a política da empresa. O episódio virou um *case* e um exemplo para que ninguém se atrevesse a burlar as regras novamente.

Esse tipo de atitude deveria ser a única possível a ser tomada. Se a empresa não quer levar a sério as normas de *compliance*, que assuma diante de toda a opinião pública que naquela organização é cada um por si. Mas não, pois o *compliance* serve como uma boa vitrine. Enquanto não tivermos empresas onde a lei é para todos, escândalos lamentáveis continuarão acontecendo e as vítimas de assédio, se acumulando.

O normal normatizado

Na verdade, todos deveriam ter uma fibra ética inquebrantável. Porém, o que deveria ser normal – todos serem éticos, terem valores bem definidos, fazerem bem o seu trabalho, lidarem sempre com a verdade – acaba se tornando uma exceção.

Precisamos de tempo para descobrir se o número de empresas que seguem o que ficou consignado na lei interna está aumentando ou se encontra estacionado. Se existe em cada organismo da sociedade uma cultura permissiva que aceita desvios de caráter, que classifica como mimimi do funcionário que faz uma denúncia, o que esperar do país?

Faltam bons exemplos de pessoas que fazem o que dizem e não têm atitudes somente de fachada.

Em muitos ambientes de trabalho, as mulheres ainda enfrentam barreiras para participar plenamente de reuniões e serem ouvidas com igualdade. Estudos mostram que as mulheres são interrompidas com mais frequência do que os homens e que suas ideias são menos propensas a serem lembradas e creditadas. Além disso, as expectativas sociais sobre a participação feminina e masculina de reuniões podem levar a dinâmicas de gênero desequilibradas, onde as mulheres são esperadas a desempenhar papéis de apoio em vez de liderança.

Pode parecer, mas eu não sou descrente. Não só tenho expectativa de que a situação melhore, como eu trabalho para isso. Se eu falar com 100 pessoas, 99 derem de ombros, mas uma levar a sério, eu já ganhei o meu dia. Não tenho expectativas de que todo mundo mude de uma vez, entretanto, uma pessoa sendo contagiada pela onda de comprometimento com o *compliance* pode levar essa cultura para outra e para outra... Se um profissional trabalhar com ética, e seguir esses preceitos e levar isso para sua equipe, para mim, já está valendo.

Não tenho a pretensão de mudar o mundo, mas pelo menos quero influenciar pessoas que comecem a se indignar diante da mentalidade discriminatória do ambiente de trabalho, do preconceito institucionalizado, e que acreditem que normas éticas não são um conjunto de baboseiras.

Vale muito a pena nos esforçarmos e nos empenharmos na disseminação dessa cultura de *compliance* e anticorrupção, pois é um movimento mundial e... água mole em pedra dura...

Tenho a certeza de que somente as empresas que levam a sério as boas práticas é que vão se perpetuar. São, na verdade, empresas que enxergam longe, ouvem de fato seus colaboradores e sabem que, no fundo, essas mudanças importantes que prezam pelos valores éticos vão ocasionar um melhor resultado financeiro. Agir de acordo com as regras estabelecidas, sem discriminação de qualquer espécie, dando oportunidade de forma igualitária a todas as pessoas, independentemente de sua crença, gênero, viés político, idade ou raça, leva invariavelmente ao sucesso de uma corporação.

Não podemos ficar nos modismos, é preciso ter a cultura e a infraestrutura para implementar medidas de boas práticas. Tudo deve ser feito de forma consistente com a preocupação de criar um ambiente de trabalho positivo, com lideranças que realmente propiciem o desenvolvimento das pessoas, tenham um interesse genuíno no crescimento delas, e consequentemente a organização colherá os resultados positivos nos negócios. Se tudo for feito só para "estar na moda", os resultados de curto prazo podem vir, mas não se manterão por muito tempo, e a perda de credibilidade será inevitável. Os próprios líderes têm que ser honestos e sinceros em seus princípios e possibilitar que os subordinados que não tenham essa cultura aprendam e sejam replicadores de boas práticas em todo o ambiente. Aqueles que não se identificarem com os valores da empresa, infelizmente, têm que ser trocados, pois a empresa deve cobrar de seus profissionais o comportamento adequado. De outra forma, uma pessoa tóxica contamina rapidamente os colegas e, se impune, desestimula os outros a serem éticos. E digo mais: contagiar negativamente é muito mais comum e rápido do que o contrário. É triste, eu sei, mas realmente o viés negativo tem muita força.

Acho importante dizer que o time do RH é um agente facilitador para mudanças de cultura dentro de uma empresa, desde que os profissionais sejam comprometidos com seus valores, tenham sinceridade emocional e não abaixem a cabeça. Não adianta só reclamar que isso está errado, que o problema é da política, é do governo, é do outro etc.

Temos que pensar o que nós, como cidadãos e profissionais, podemos fazer para deixar um mundo melhor para as futuras gerações. Enquanto não houver a conscientização das pessoas de fazerem a sua parte – qualquer que seja o lugar que elas ocupem na sociedade –, vamos sofrer as consequências.

Eu sou uma eterna aprendiz e uma eterna otimista em relação a isso. Vejo as mudanças positivas acontecendo aos poucos e fico feliz. Não estamos num lugar ideal, mas caminhando para um dia chegarmos lá!

Vou terminar este capítulo com uma ideia de um artigo muito interessante de José Renato Domingues, que li no Today ThinkWork.[8] Domingues comparou os sucos detox que tomamos para limpar nosso organismo com medidas para limpar o ambiente corporativo de pessoas tóxicas.

"A intoxicação corporativa pode ser lenta e difícil de reconhecer, mas nem por isso menos destrutiva. No caso da intoxicação biológica, os sintomas de altos níveis de toxina são rápidos e muito desconfortáveis, exigindo uma correção que os alivie. No corporativo, não. O caso da Caixa mostrou que os sintomas desagradáveis foram sendo ignorados por décadas e por muitas pessoas. Aí entra uma personagem-chave nas estruturas organizacionais onde pessoas como Pedro Guimarães prosperam: o CHRO, o vice-presidente de pessoas, o diretor de RH. É seu papel não deixar que pessoas assim avancem na carreira. É seu papel criar processos de seleção que não aceitem a desproporção entre entrega de resultados e perfil comportamental. É seu dever formar líderes que não promovam e não deixem avançar essas atitudes. E se tudo isso ainda falhar, é sua responsabilidade denunciar, subir aos mais elevados níveis de gestão e governança e delatar o que está ocorrendo."

---

8 https://thinkworklab.com/artigos/o-escandalo-da-caixa-e-o-detox-corporativo/

Capítulo 6

GREAT RESIGNATION, DEMISSÃO SILENCIOSA E A CURA DO TRABALHO

Este capítulo traz à tona os males do trabalho em nossos tempos. A pandemia da Covid-19 desencadeou o fenômeno *great resignation*, uma onda de pedidos de demissão em vários países do mundo, inclusive no Brasil, que mostra uma mudança da nossa relação com o trabalho. As pessoas estão pedindo demissão, renunciando ao emprego, abdicando do cargo que ocupam, mesmo que seja numa grande empresa e com um alto salário, tudo em busca de um trabalho que proporcione mais qualidade de vida. Vamos tratar aqui também da chamada demissão silenciosa, igualmente um fenômeno atual, que acontece quando a pessoa só faz o trabalho que foi contratada para fazer e durante o período referente ao qual ela é remunerada para fazê-lo. Este é um movimento de profissionais que acreditam que o excesso de trabalho é prejudicial à saúde mental e que as pessoas precisam colocar limites ao tempo e à intensidade com que se dedicam ao trabalho, a fim de dispor de tempo para viver suas vidas. Mas que bom que existe um contraponto a tudo isso: a teoria da cura do trabalho, proposta pelo indiano Raj Sisodia. Ele é fundador do Capitalismo Consciente, um movimento mundial que visa convencer executivos a usarem práticas mais sustentáveis de gestão. Diante desse novo panorama, os gestores de RH precisam ser mais conscientes de suas responsabilidades. O desafio é contribuirmos com a criação de um ambiente corporativo em que as pessoas não vejam o trabalho apenas como um meio de sustento financeiro, mas se sintam realizados e encontrem significado na empresa onde estão.

Não, obrigado, eu me demito!

No movimento *great resignation*, a pessoa simplesmente chega e diz para o chefe: *"Estou indo embora!"*

O profissional pega o seu boné e pronuncia um sonoro tchau, porque sente que a organização não contribui com o seu crescimento e não está em consonância com o significado que ele quer para o seu trabalho. E isso acontece mesmo no caso dos cargos mais bem pagos. A pandemia fez as pessoas pararem para pensar em como estavam vivendo um dia atrás do outro e em como é importante dispensar um tempo de qualidade para a família. A maior crise sanitária de nosso tempo também provou que o trabalho remoto ou híbrido é factível e até contribui em muitos casos para o aumento da produtividade. É importante destacar a percepção de que esse movimento de demissão acontece especialmente com os profissionais que trabalham em corporações cujo clima organizacional é ruim, que têm um ambiente tóxico e líderes tóxicos. Hoje em dia, as pessoas expressam a vontade de fazer parte de algo maior, de dar significado às suas vidas, especialmente num momento em que houve como nunca o medo de morrer. Todos se perguntaram: *"E aí, o que é que eu fiz com a minha vida?"* Nunca vivemos um momento tão transformador!

Eu sempre acreditei que quando uma empresa tem uma cultura positiva, com líderes que valorizam e reconhecem seus times, as pessoas querem mais é ficar no emprego. As organizações que não enxergarem isso vão perder seus talentos. Na verdade, a conscientização de que há locais de trabalho que causam danos à saúde, como a Síndrome de *Burnout*[9] por exemplo, já estava acontecendo, mas a pandemia a elevou ao cubo, ou seja, a ameaça da Covid-19 acelerou esse processo! E o pensamento é simples:

"Minha vida é importante demais para eu trabalhar numa empresa que me oprime".

O trabalho foi ressignificado e muitos profissionais tiveram a coragem, que antes não tinham, de pedir as contas sumariamente e sair em busca de um lugar onde esperavam serem mais felizes. É claro que o trabalho é importante para qualquer um, mas significa só uma parte da vida do ser humano. As pessoas passaram a dar relevância ao valor do trabalho profissional para a vida, a família e a sociedade, e não apenas como um meio de ganhar dinheiro.

Reforço que, quando o profissional enxerga alguma chance de reversão na cultura da empresa onde está, ele vai tentar contribuir para que essa mudança de paradigma ocorra, possibilitando, com sua atuação, a construção de um ambiente agradável no local de trabalho. A empresa que continuar massacrando os funcionários para conseguir resultados perderá muita gente boa.

Eu participo de várias discussões em grupos de gestores de RH que estão extremamente aflitos para compreender o porquê de tantos pedidos de demissão. Ficam indignados e apreensi-

---

9 Síndrome de *Burnout* ou Síndrome do Esgotamento Profissional é um distúrbio emocional com sintomas de exaustão extrema e estresse.

vos tentando encontrar meios de reter seus talentos: acrescentar benefícios, aumentar os salários etc.

Isso não me aflige, de forma alguma! Eu sempre defendi que um clima positivo é a melhor forma de reter os colaboradores e de conseguir a tão sonhada sinergia de propósitos, que, por sua vez, leva ao sucesso natural da empresa.

Vejo todo esse processo de uma forma muito simples, pois tem suas bases na simplicidade do cotidiano de um pai ou de uma mãe que vai começar a encontrar tempo para levar o filho à escola, ao médico, àquela festinha, ao futebol etc. etc. etc. Hoje, a pessoa quer ser dona do seu tempo, sem ter que pedir autorização ao chefe a cada passo que dá, sem ter um xerife no calcanhar para entregar um bom trabalho, enfim, sendo respeitada como adulta responsável. Portanto, ela vai em busca de uma empresa que lhe permita fazer isso. Isso chama-se amadurecimento do trabalho, onde o comprometimento do colaborador lhe garante autonomia para organizar sua agenda e fazer suas entregas no dia e na hora combinados, sem estresse e com doses de felicidade por fazer um trabalho bem-feito e contar com a confiança de seus superiores. Simples assim.

Muitas vezes, a pessoa bate o cartão, literalmente ou metaforicamente, trabalha das 8h às 17h, no entanto, está com a cabeça em outro lugar, por conseguinte, não adianta nada bater o cartão na hora certa e fazer tudo sendo controlada categoricamente, se não existir o que é chave: comprometimento.

As empresas que tratam seus colaboradores como adultos sairão na frente, as que tratam como crianças, fatalmente terão um resultado pífio.

Algumas corporações têm receio de dar liberdade aos colaboradores, de enxergá-los como responsáveis, de serem mais flexíveis em relação ao tempo físico dispensado dentro da empresa. Eu não estou dizendo aqui que deve ser implantado um sistema corporativo anarquista em que cada um faz o que quer. Precisa haver, antes de qualquer outra ação, maturidade do gestor para atuar assim, pois se o time não tiver uma métrica, pode virar bagunça, obviamente. Tudo vai depender da postura da empresa, que tem que dar um salto em seu discernimento e deixar clara sua intenção de trabalhar dessa forma, e consequentemente precisa buscar profissionais que fazem jus a pertencer ao time. A partir dessa decisão, a organização não pode de forma alguma ter um time imaturo que diz:

"Ah! Então eu vou para a praia, vou passear e depois eu penso no trabalho".

Afinal, os prazos não deverão ser deixados de lado, as metas não vão desaparecer num passe de mágica.

E é aí que a calibração do RH se torna fundamental. Nesse novo modelo, a gestão de pessoas deixa de ser uma área apenas e passa a ser um grande parceiro de toda a empresa, de todas as áreas. Um parceiro que tem que navegar bem em todos os cenários corporativos para realmente entender a cultura da corporação, entender os profissionais, atrair pessoas que são aderentes a essa visão. E a esta altura, é bom lembrar que é perfeitamente possível medir os resultados da pessoa que trabalha de forma híbrida ou totalmente remota.

Se o assunto parece dúbio, vou colocar um exemplo simples.

Se você trabalha na área de *Marketing* e combinou uma data com a sua chefia para entregar uma peça publicitária, terá que cumprir o prazo e a meta. Cabe ao seu líder perguntar se você dispõe de toda a estrutura e suporte para fazer essa peça bem-feita e no prazo combinado. Se você precisar de um tempo maior, é só combinar na hora. Feita a negociação, o líder que confia no comprometimento do colaborador vai dormir sossegado, pois acredita que a entrega será realizada na data acordada e que terá chance de avaliar o desempenho do profissional. Se o colaborador trabalhou até de madrugada, 8 horas por dia ou 5 horas por dia, não importa, o que importa é se ele fez ou não um trabalho que ele acertou e se está de acordo com o padrão de qualidade da empresa.

É difícil mudar a mentalidade de algumas organizações e de algumas pessoas, diante da possibilidade de não haver mais um controle rígido nos horários de trabalho, mas é necessário virar essa chave.

Torna-se importante dizer que tudo começa na contratação. Em vista disso, é primordial o RH fazer o meio de campo e encontrar a pessoa com o perfil pedido pelo gestor de cada área em conformidade com a necessidade da empresa. Na hora da contratação, é preciso saber o máximo sobre o candidato à vaga, no entanto, não quer dizer que o RH e os gestores serão capazes de contratar o candidato perfeito, simplesmente significa que há que se cercar de todas as informações possíveis sobre o perfil dele e contratar aquele que reúne a maior parte das qualidades que a organização está buscando. Depois que essa pessoa é contratada, é preciso fazer com que ela se sinta em casa, integrá-la à equipe e à cultura da corporação. Se na hora da contratação foi identificado um gap daquela pessoa, o próximo passo será providenciar que essa lacuna seja suprida no menor espaço de tempo possível.

A verdade é que ninguém quer ser apenas mais uma peça de uma grande engrenagem. Aí me vem à cabeça aquele filme do Charlie Chaplin, *Tempos Modernos*. As máquinas e os movimentos repetitivos o dominaram de tal forma que causaram um desequilíbrio em sua vida.

Significado, propósito. Estas palavras dão o tom do futuro no trabalho.

Demissão silenciosa

As causas da demissão silenciosa são basicamente as mesmas do movimento *great resignation*, entretanto, tem sua ênfase no tempo gasto no trabalho. Os especialistas dizem que, depois da pandemia, os trabalhadores decidiram criar uma barreira concreta entre a vida pessoal e a profissional. Esta é uma evolução natural do ser humano.

Eu sempre acreditei que a empresa deve ser um lugar que propicie o desenvolvimento máximo do potencial de quem trabalha nela e dedica boa parte de seu dia à realização de suas funções. Claro que o dinheiro é importante, mas apenas ganhar dinheiro não é mais o que deixa as pessoas felizes. A honestidade emocional do trabalhador é que vai determinar suas atitudes e a decisão de ficar ou não no emprego. Ficarão para trás aquelas empresas com estruturas rígidas, conceitos estereotipados e que não enxergam as mudanças. As flexíveis é que vão sobressair. Daqui a 20 anos, vocês poderão me dizer se fiz a leitura correta do momento em que vivemos.

A cura do trabalho

Agora chegou a vez de falar de algo muito bom que poderá impregnar positivamente o mundo corporativo. Quando me deparei com o artigo da revista Think Work Lab[10] (reportagem assinada por Bárbara Nór/set. 2022), que traz a teoria do indiano Raj Sisodia sobre o *"trabalho como lugar de cura",* fiquei entusiasma-

---

10 https://thinkworklab.com/

da e gostaria de compartilhar com vocês seus principais pensamentos. Ele acredita que as organizações têm vocação para serem um lugar de cura e realização do potencial humano.

"Nos negócios, pensamos que tudo gira em torno do lucro, quando, na verdade, o lucro deve circular em torno das pessoas e do planeta. É preciso começar com um projeto humano, não com um projeto de negócios."

Em seu livro *Empresas humanizadas*, Sisodia diz que as companhias que cuidam de seus *stakeholders*[11], iniciando pelos funcionários, são mais bem-sucedidas em longo prazo.

"Nesses 15 anos, vejo que o modo como falamos e pensamos sobre negócios está começando a mudar. Primeiro, a virada precisa acontecer na mente das pessoas, depois, no coração e, por fim, na ação. Estamos no meio do caminho. Globalmente, as organizações estão falando mais sobre propósito."

Sobre o papel do RH nesta transformação

"O RH sai de uma posição de compliance, de minimizar riscos, para uma função realmente estratégica. Devemos levar em conta como as decisões tomadas impactam as pessoas – que podem ser os trabalhadores, suas famílias, os clientes. Colocar as pessoas no centro significa tratá-las com respeito e dignidade, entendendo-as como indivíduos e ajudando-as a descobrir o próprio propósito. Significa criar um trabalho que seja representativo, no qual elas consigam ser criativas, produtivas, realizadas e felizes. O ser humano é a fonte. CEOs inteligentes, que reconhecem isso, formam fortes parcerias com líderes de RH.

---

11 *Stakeholders* são todas as pessoas, empresas ou instituições que têm algum tipo de interesse na gestão e nos resultados de um projeto ou organização.

Buscar as mudanças apenas para ter lucro é a maneira errada de pensar. Devemos fazer a transformação para deixar as pessoas felizes e saudáveis, e para serem melhores pais, cônjuges, cidadãos – melhores humanos."

Em vez de estresse, cura

"Precisamos 'despertar' as pessoas. Treinar é algo exterior. Dizemos: 'Eis aqui alguns comportamentos e táticas que você precisa adotar'. O despertar é interno, é sobre quem você é, seu propósito e seus valores. Uma das principais razões pelas quais os líderes causam sofrimento é porque eles mesmos têm traumas e feridas ainda não resolvidos. Precisamos ajudá-los a curar seus próprios problemas, a encontrar seu propósito e a conectar isso com o trabalho. É preciso desenvolver um ambiente no qual as pessoas se sintam confortáveis em serem vulneráveis. Quando falamos em trauma, o indivíduo deve primeiro revelá-lo e senti-lo, para depois curá-lo. Porém, a maior parte das pessoas esconde o que passou por vergonha ou por achar pouco profissional compartilhar um problema. Muitas tentam se entorpecer com drogas, álcool ou outros mecanismos de fuga. É bonito quando os líderes começam a se curar e, por consequência, a melhorar a organização e seus relacionamentos. Eles se tornam mais fortes, resilientes e aptos a ajudar outras pessoas."

Complexo e multifacetado

Todos nós sabemos que o universo do mercado de trabalho é complexo, afinal, tudo o que envolve as peculiaridades do ser humano possui essa característica. A partir dessa premissa, trago o resultado da *"Pesquisa Momento Profissional",* feita pela Think Work com o apoio editorial do Money Times. O levantamento quis saber o que motiva as pessoas a trabalhar numa determinada empresa. A jornalista Tatiana Sendin, fundadora e CEO da Think Work, nos relata que um dos achados do estudo foi que o dinheiro e a estabilidade apareceram em primeiro lugar. Apesar disso, o resultado mostra que esses itens estão bem próximos do compartilhamento com os propósitos da empresa. Acompanhe alguns resultados.

Quais são os três principais fatores que atraíram você para trabalhar na sua empresa atual?

Oportunidades de aprendizagem e desenvolvimento: 30%

Compartilhar dos mesmos valores que a empresa: 23%

Remuneração fixa/salário: 22%

Quais são os três principais motivos que fazem você permanecer na empresa atual?

Remuneração fixa/salário: 25%

Estabilidade no emprego: 24%

Oportunidades de aprendizagem e desenvolvimento: 24%

Indique até três motivos que fariam você sair da empresa atual:

Proposta com melhor remuneração: 30%

Falta de qualidade de vida: 30%

Clima organizacional ruim: 26%

Convidei Tatiana Sendin para nos trazer sua análise sobre a pesquisa que ouviu 200 brasileiros, na extensa faixa etária de 18 a 60 anos ou mais (sendo a maioria entre 29 e 50 anos), e divulgada em novembro de 2022.

Great resignation, demissão silenciosa e a cura do trabalho

Com a palavra, Tatiana Sendin

Dinheiro Importa

"O dinheiro está relacionado com a sobrevivência do ser humano; não à toa, a Pirâmide de Maslow[12] traz as necessidades essenciais em sua base. É preciso antes de mais nada manter-se vivo, comer, dormir, ter um teto para morar, ou seja, na hierarquia das necessidades do ser biológico, as básicas vêm antes das complexas. Então, não vi com grande surpresa a remuneração aparecer em primeiro lugar quando a pergunta foi sobre o que manteria a pessoa na empresa. Minha percepção é que o salário ganhou mais importância neste momento por causa da crise que se desenha há algum tempo no panorama do mundo corporativo, que foi detonada com a onda de demissões nas grandes startups e empresas de Tecnologia. Os dados da economia saltam aos olhos, no entanto, há que se levar em conta que o cenário atual é reflexo ainda da mudança geracional e da forma como nos relacionamos com o trabalho hoje. Chamo atenção para os dados de um levantamento da Deloitte que mostrou que os representantes da geração Z (os que têm de 15 a 25 anos) se sentem menos seguros financeiramente do que os millenials, a geração anterior."

O equilíbrio da equação

Achei interessante falar desta pesquisa pontual, que reflete majoritariamente a mudança geracional, para discorrer um pouco mais sobre o que leva as pessoas a serem felizes em seus respectivos empregos. O levantamento da Think Work traz um

---

12 O psicólogo Abraham Maslow definiu cinco categorias de necessidades humanas na seguinte ordem: fisiológicas, de segurança, sociais, de autoestima e de realização pessoal.

outro ponto de vista, é um contraponto ao movimento *great resignation*, que é fato nos dias de hoje; porém, acredito que não invalide tudo o que argumentamos sobre a importância do compartilhamento de valores com a empresa em que se trabalha. Continuo acreditando que o que dá significado não só ao trabalho, mas à vida, é o alinhamento de propósitos da empresa com as pessoas. Não obstante, seria um idealismo ingênuo pensar que é só atribuir uma nobreza excelsa ao trabalho da empresa e pretender que o funcionário trabalhe de graça por essa causa. Lógico que não. Não é só *"vamos abraçar a árvore, salvar o mundo e os ursos polares... e morrer de fome".*

Tudo começa em remunerar de forma justa cada profissional. É de suma importância a corporação levar em conta, entre o rol das necessidades do funcionário, as básicas. A organização precisa pagar de acordo com o mercado, com a função, com o tamanho da empresa. Por isso que quando um RH é responsável e bem-estruturado, ele mantém a equação em equilíbrio. Nenhuma empresa consegue contratar talentos se ela não valorizar o profissional, porque o salário adequado é uma forma de valorização.

Em suma, sem dinheiro não dá para viver. Isto posto, sugiro uma reflexão: vale a pena ganhar tanto dinheiro não sendo ético e passando por cima das pessoas? Buscar dinheiro pelo dinheiro, lucro pelo lucro? Não sou contra o capitalismo, mas aplaudo o capitalismo consciente. Essa discussão possui uma amplitude que transcende o mundo corporativo. Afinal, queremos ver alguns sobrepujando os outros numa cultura corporativa do massacre? Queremos isso para nossa sociedade, nossos filhos e netos?

Acredito firmemente que é insustentável por um longo período trabalhar sem se identificar com os valores da empresa.

Great resignation, demissão silenciosa e a cura do trabalho

Entretanto, ressalto aqui a peculiaridade do ser humano. Sim, alguns querem e buscam somente o dinheiro, porque têm um projeto de vida que necessita de muito dinheiro para ser implementado. Se a pessoa tem honestidade emocional e topa trabalhar em uma corporação com valores totalmente diferentes dos seus para atingir o objetivo de fazer muito dinheiro, possivelmente essa pessoa não desenvolverá os males do trabalho relacionados à infelicidade e ao estresse de um ambiente tóxico. Esses casos existem. Fora isso, em curto prazo o dinheiro é importante, mas em médio e longo prazos, o que faz o funcionário ser proativo, produtivo e compromissado é só a sintonia de valores e a percepção de que o trabalho está agregando algo à vida dele. Essa é uma relação de trabalho que creio ser saudável.

Neste ponto da argumentação, cito a ficção *A Revolta de Atlas*, de Ayn Rand, lançado em 1957 e que é um *best-seller* até os dias de hoje. O livro retrata situações muito atuais. Aliás, a obra surpreende a todos em nossos tempos, pois já falava, em meados do século passado, sobre a importância do significado no trabalho para a sanidade das pessoas. O enredo mostra um panorama em que as mentes brilhantes simplesmente decidem não doar mais seus talentos a empresas onde não veem bons valores e propósitos. Eles simplesmente somem do mapa. O cenário estarrecedor ainda aponta que o desaparecimento das mentes criativas põe em xeque toda a existência.

O que acontece muito hoje é que as empresas buscam – e muitas vezes conseguem – o selo de *"Melhores Empresas para Trabalhar"*, mas não são consistentes, e a incoerência de discurso não retém talentos por muito tempo. Confiança e transparência têm um papel central, e isto é corroborado pelas pesquisas, ano após ano.

Em algumas culturas empresariais há metas muito arriscadas que prometem bônus altíssimos. Quem não consegue atingi-las se frustra e continua tentando incansavelmente pôr as mãos no bônus. O resultado é, na esmagadora maioria dos casos, o desenvolvimento de doenças ocupacionais.

Não faço um julgamento moral, só digo que a pessoa tem que estar coerente com suas escolhas. Esse modelo de corporação traz a reboque um custo alto para a sociedade. Como lidar com tantas pessoas afastadas do trabalho por males como o *Burnout*, pessoas exauridas, doentes e sem energia? Essa é a evolução do ser humano?

Dizer que dinheiro não importa seria hipocrisia; claro que é importante o funcionário ganhar um salário justo. Mas eu não preciso passar por cima dos meus valores para conseguir o dinheiro. Afinal, o propósito de ter dinheiro é aquilo que eu faço com ele, e de consciência limpa. Penso que o ser humano é mais do que o *"eu acima de tudo"*, embora tenhamos que conviver com quem pensa assim. A experiência mostra que quando trabalhamos com propósito, nos sentimos parte do mundo, da sociedade, e ficamos felizes com nossa contribuição para a evolução das pessoas. Mas lembrem-se: eu disse que não traria receitas prontas. Só trago a minha visão sobre este intrincado universo do trabalho.

"Você não é obrigado a se associar com pessoas que tornam sua vida pior."[13]

---

13 Jordan Peterson, psicólogo canadense.

Capítulo 7

SEJA DONO DO SEU PASSE

Para este último capítulo da Parte 2, fico feliz em contar com a sabedoria e a generosidade de Nelson Savioli. São gotas de ensinamentos deste Ph.D. em Gestão Humana, que sempre buscou difundir seus conhecimentos.

Quando trabalhei com ele na J&J, fiquei entusiasmada com sua cabeça aberta para tudo. O RH que ele conduzia não era contido, mas dinâmico e ousado. Além disso, sempre foi uma pessoa brilhante e possui uma cultura excepcional, que tornava qualquer conversa uma experiência de vida única. Sem contar aquele episódio sobre a minha ida para a J&J da Suíça. Ele me deu força e logo providenciou tudo. Savioli é um líder inato e não se sentia ofuscado quando alguém sob seu comando tinha ideias inusitadas e arrojadas. Pelo contrário: ele apreciava e incentivava. Era assim o clima que respirávamos na empresa, um lugar que dava oportunidade para as pessoas voarem e todo o apoio para ver até onde poderíamos ir.

Mesmo aposentado – há apenas 7 anos, diga-se –, Savioli continua atuando como consultor e conselheiro de organizações do Terceiro Setor e, a pedidos, nunca deixou de fazer *mentoring*. Pelo conjunto de sua obra, foi reconhecido como melhor profissional de RH do mundo em 2020, com ênfase em suas contribuições notáveis e inspiradoras para a evolução da Gestão de Pessoas nos ambientes corporativos e de voluntariado.

Savioli foi um dos pioneiros no Brasil em publicações sobre como gerir a própria carreira. Seu primeiro livro, publicado em 1991, foi *Carreira: Manual do Proprietário*; em 2003, publicou *Fracassos em RH – e como se transformaram em casos de sucessos*. Em 2021, escreveu o e-book *Estórias Intrigantes de RH*[14], trata-se de uma obra de ficção baseada em fatos reais, em que ele conta alguns truques da profissão no estilo *short stories*. Numa delas, que leva o nome de "Onde mora o perigo", Savioli mostra a importância de um RH que permeia toda a empresa. No princípio, parecia incomodar os gestores, mas, no final, se mostrou um alívio para a organização contar com um RH atento e amigo. Vale a pena ler!

Competências civilizatórias

Savioli participou em 2022 do Festival LED – Luz na Educação, realizado pelo Grupo Globo e Fundação Roberto Marinho, onde foi superintendente-executivo por 15 anos. Um dos assuntos abordados por ele na mesa de educação executiva foi a importância fundamental do desenvolvimento das chamadas competências civilizatórias.

Com a palavra, Nelson Savioli

"Fui eu que abri as discussões na mesa do Festival LED sobre educação executiva, já que era o dinossauro, o das antigas (rs). Foi muito interessante abordar um tema que me é muito caro. Eu

---

14 https://www.abrhbrasil.org.br/cms/materias-de-rh/ebooks/estorias-instigantes-de-rh/

costumo colocar as competências técnicas crescendo na vertical e as civilizatórias, na horizontal. Imaginem o desenho das linhas de um jogo da velha. É isso. Não se pode crescer somente em uma e se esquecer da outra: as duas competências devem se desenvolver juntas. No seminário, eu destaquei a importância de posicionamentos civilizatórios e defendi parcerias entre empresas e Centros de Excelência.[15]

E o que são as civilizatórias? Na era digital, em que tudo ou quase tudo está na 'nuvem' as competências técnicas afunilam e todo mundo tem que entender algo sobre computação – isso é importante para os executivos, mas não o suficiente. Quando as competências são muito técnicas, ou elas sobem para o céu ou descem para as profundezas, por isso, as coloquei na vertical. O que está faltando é ter mais horizontalidade, porque um autômato ou um boi, se for muito bem treinado, ele faz bem a parte técnica, mas não será um executivo de uma empresa, de uma escola ou de um país. Ele precisa das civilizatórias, que estão ligadas com assuntos de relevância para o planeta, como por exemplo as questões relacionadas ao meio ambiente, às várias raças e genomas, à diversidade. Mesmo sendo um ótimo técnico, se o profissional não tiver a parte horizontal, ele será somente uma máquina, e as máquinas podem ser substituídas, é só colocar um milhão de dólares a mais que você terá um supercomputador.

Um grande jornalista brasileiro dizia:

'A pessoa que quer ser presidente da República, se não admirar poesia, não conseguirá ser bem-sucedida'.

O que ele queria dizer com essa frase incômoda? Que qualquer um em cargo de liderança ou o dono de uma empresa não pode

---

15 Centros de excelência atuam como elos entre a comunidade acadêmica e o mercado.

ir para frente se não tiver alguns interesses humanos, ou seja, coisas que não são da técnica.

A pergunta comum hoje é esta:

'Como eu, dono da empresa ou profissional, faço a empresa andar com o predomínio exagerado do digital?'

Estão preocupados com as mudanças verticais, tecnológicas, digitais. O que falta é o desafio do desenvolvimento nas competências horizontais, e nós, do RH, temos muita responsabilidade em dotar as empresas de gente que queira se desenvolver nas questões ligadas à equidade, ao meio ambiente, à justiça social. Não vamos esquecer o digital, claro. Para fazer tricô, o ponto é cruzado, entende?

As civilizatórias compreendem um conjunto um pouco maior do que o das soft skills, pois se referem à capacidade de enxergar outros pontos que interessam à comunidade e ao desejo de fazer a sua parte para melhorar a vida das pessoas. As grandes empresas têm que fazer coisas do business delas e, depois, têm que aceitar perder um pouco do lucro para puxar as populações vulneráveis para dentro da organização, por exemplo, melhorar a educação etc."

Ficar muito ou pouco tempo em uma mesma empresa?

"Ficar 40 anos em uma mesma empresa não significa que o profissional é um acomodado. Não necessariamente. Depende muito de cada um. Mas é preciso crescer na organização, se aperfeiçoar, fazer cursos. O que não pode é ficar parado. Eu ficava quatro anos numa empresa, cinco na outra, até achar que eu já tinha conhecido aquele 'planeta', e ia pra outro.

Sobre esse assunto, vou contar o caso de um amigo.

Seja dono do seu passe

Eu tenho alguns amigos íntimos, uns setecentos (rs). Um deles chama-se Theunis Marinho. Ele nasceu em uma família humilde do interior de Minas Gerais e, quando tinha 19 anos, veio com a família para São Paulo. Ninguém tinha nível universitário. O Theunis começa a trabalhar em um escritório de contabilidade e, muito rapidamente, começa a sobressair com suas ideias avançadas. De repente, aos 22 anos, quando ainda cursava Administração, ele consegue chegar a um cargo iniciante no RH da Bayer, como auxiliar na área de Custos e Orçamentos da multinacional. Lá, onde todos os diretores eram alemães à época, ele também é notado por suas ideias brilhantes e chega a diretor de RH aos 29 anos de idade. Foi quando eu o conheci. Ele era ótimo palestrante e participava de inúmeros congressos, enfim, tinha sucesso em todas as suas iniciativas. Num desses congressos, uma pessoa levantou a mão e disse: 'Theunis, uma pergunta:

Qual cargo você almeja agora?'

Ele respondeu:

'Quero ser diretor geral'.

A pessoa continuou:

'Em quê?'

Ele respondeu:

'Em qualquer divisão. Eu sei administrar'.

O Theunis tinha não só as competências técnicas, mas estava aberto para receber outros estímulos e fazer as coisas acontecerem. Pois não demorou para que ele se tornasse o gerente de um grupo de produtos na matriz da Bayer, na Alemanha. Theunis retornou ao Brasil depois de um tempo, pois foi convidado para assumir a diretoria de Finanças e Administração da empresa. Em se-

guida, assumiu a presidência da Bayer Polímeros S/A e a direção na América Latina para a divisão de Plásticos em Engenharia. Depois de 30 anos na Bayer, saiu para se dedicar a projetos pessoais. Então, nada contra ficar numa única empresa a vida toda até se aposentar, mas é preciso ir encontrando espaços para crescer. Hoje, o Theunis faz parte de Conselhos de Administração de grandes empresas e é autor de um livro que vende que nem pipoca: Sonhar alto, pensar grande.

Algumas características desse meu amigo eram inatas, ou seja, nasceram com ele, e outras ele foi adquirindo nos cursos de aperfeiçoamento e com sua garra de aprender mais e mais. Na hora do intervalo de alguns cursos, ele interpelava o professor no cafezinho e tirava suas dúvidas, avançando sem parar no aprendizado. Fazer carreira em uma só organização pode ser maravilhoso, desde que você seja aproveitado e valorizado no local onde trabalha.

Sou formado em Direito, mas já comecei minha vida profissional na gestão de pessoas e tive a oportunidade de trabalhar em ótimas empresas.

Foi o caso da J&J. Se você tem bons chefes no RH, que se reportam ao CEO ou ao presidente da empresa ou ainda ao diretor de administração e finanças, um chefe que não é um boi sonso que só pensa no lucro, você pode realmente contribuir para o desenvolvimento de muita gente na empresa. Dentro do poço de competências e de pessoas de personalidade que tínhamos na J&J no início dos anos 1980, é que a Lúcia teve a necessidade de ser transferida por um período para a unidade da Suíça. Em uma conversa simples com o CEO, tudo ficou acertado. Na hora eu pude dizer a ela: 'Vai lá!' Não passou pela minha cabeça que iríamos perder a funcionária. Mas isso só foi possível porque o CEO era cabeça aberta também. Foi uma das melhores empresas em que trabalhei. Pude ajudar muita gente, inclusive provocando a troca de pessoal com a matriz. Eles diziam em uma empresa francesa, por exemplo:

'Temos que mandar dez jovens franceses para o Brasil'.

Conforme a decisão do CEO no Brasil, eu dizia: 'Não, a não ser que vocês aceitem dez brasileiros aí'. Eu ponderava que tínhamos muita gente boa aqui e que eles iriam gostar bastante dos nossos funcionários brasileiros. E dava certo. Muitos dos que iam para a França acabavam arranjando empregos melhores. Sem nenhum problema, pois se você tem uma massa crítica suficiente na empresa, não vai ficar de mão abanando. Por outro lado, se nós conseguíssemos trazer cinco dos dez que foram se desenvolver lá fora, já estava bom demais, pois teríamos gente com potencial para serem excelentes executivos.

Eu só trabalhei pra CEOs que não eram quadrados. Tive essa vantagem!"

Tirando a pedra do caminho

"Aconteceu uma vez apenas em minha carreira que o comando do RH estava com um diretor corporativo. Ele não apreciava as minhas ideias. Sabe o que eu fiz? Simples: passei a falar com o superior dele, que no caso era o CEO. Mas não é tão fácil quanto parece, pois é preciso conhecer essa pessoa, seja o CEO ou mesmo o dono da empresa.

Você continua fazendo tudo o que o seu chefe imediato quer, já que ele pede pouco; enquanto isso, arranja um jeito de falar com a pessoa que está acima dele, criando laços e montando o que está nos seus planos mais ou menos na surdina.

Tenho certeza de que vocês vão me perguntar:

Parte 2 • Capítulo 7

'Mas você não está sendo desleal com o diretor corporativo?' Eu tenho que ser leal à empresa à qual eu estou servindo, com os acionistas lá nos Estados Unidos, na França, na Alemanha, na Suíça.

Sabe, um dos maiores elogios que eu tinha era quando o presidente da empresa – e aconteceu em mais de uma multinacional – dizia:

'Ser diretor de RH deve ser muito fácil, porque você tem experiência, mas eu quero que você seja também meu mentor, sem falar para ninguém, em Gestão Humana'.

Então, de vez em quando, informalmente em um jantar, eu acabava virando mentor de uma pessoa que estava dois níveis acima do meu cargo. Meu maior prazer é quando vejo essas pessoas que estão 'tocando o transatlântico' passando a ter não só os ótimos resultados financeiros, mas começando a pensar nas competências civilizatórias, que estão do lado das atividades cotidianas da empresa. Imagine um cavaleiro montado no seu belo cavalo, conduzindo 10 mil cavaleiros atrás. Em vez de olhar só para frente quando está galopando, ele precisa deixar o cavalo andar sozinho um pouco, voltar seu olhar para trás e ver o belo poente que enche os seus olhos de deslumbramento. Aí, o chefe subiu, o chefe subiu! Ele compreendeu que não tem que ser só esse negócio de lucro. É também! Mas se quem está conduzindo a organização só pensar nisso, vai ser passado para trás por outras empresas que são mais civilizadas e vão ganhar o mercado.

Nunca fiquei mais de sete anos numa empresa, embora tenha trabalhado por 15 anos na Fundação Roberto Marinho, um exemplo no Terceiro Setor. Mas é uma delícia você ver que, de vez em quando, pipoca um WhatsApp de um holandês ou um americano que você conheceu em uma organização perguntando:

'Nelson, are you alive?'[16]

---

16 Nelson, você está vivo?

E quer conversar. Isso não tem preço. Eu deixei de ter funções executivas aos 70 anos. Hoje, com 77, faço poucas consultorias e muitas atividades free, como voluntário."

Um *case* de sucesso que mudou um paradigma

"No início dos anos 1980, a Johnson & Johnson Internacional desenvolveu um programa para cuidar profissionalmente do problema da dependência química entre seus colaboradores, com consultoria da americana Hazeldel Foundation. A importante filial brasileira abraçou essa causa com o apoio do seu diretor financeiro, Michael Norris, e centralizado na grande fábrica de São José dos Campos, com José Cividanes, gerente de RH, e Isabel Ruiz, assistente social (Programa de Assistência ao Empregado – PAE). Dependência com álcool e drogas passou a ser um caso de saúde e não de caráter, desde que o colaborador concordasse em ser tratado da seguinte forma:

a) Desintoxicação com acompanhamento médico interdisciplinar por 28 dias;

b) Confronto do paciente com seus valores e dúvidas;

c) Mudança de comportamento.

A J&J auxiliou o especialista John Burns, um americano abrasileirado, a criar a Vila Serena, no Rio de Janeiro, para internação de voluntários por 28 dias. Houve bons resultados – não reincidência continuada – nos casos de dependência do álcool, resultado discreto nos casos de drogas. Eu, como executivo sênior de RH da J&J, falei sobre o programa em reuniões e entrevistas à imprensa tentando desfazer os preconceitos de acionistas e dirigentes sobre o assunto."

Parte 3

CASES DE CARREIRA E DE EMPRESAS

"Palavras erradas são como pregos martelados na parede, quando retirados, sempre deixam marcas."[17]

17 Autor desconhecido.

CASES DE CARREIRA

Parte 3

INTRODUÇÃO

Nos próximos capítulos, vou trazer testemunhos de pessoas que trabalharam comigo na Johnson & Johnson, na MPD Engenharia e também na fase atual da minha carreira solo de consultora, *coach* e mentora.

Com isso, pretendo mostrar a vocês a atuação que o RH pode e deve ter no desenvolvimento de carreiras, no despertar do potencial de cada um e no aspecto valoroso de fomentar a autoconfiança e o reconhecimento profissional.

Independentemente do negócio em que estamos atuando, seja na indústria, na construção, prestação de serviços ou outros, a essência do sucesso está em focar nas pessoas, são elas que fazem tudo acontecer.

Costumo dizer que atuar nessa área é uma linda missão: gostar de pessoas, ter um interesse genuíno no desenvolvimento do potencial humano nas organizações, contribuindo para a criação e manutenção de um ambiente saudável, tanto físico quanto mental e emocional.

As organizações têm um papel importantíssimo na construção de uma sociedade que respeita, valoriza e reconhece cada ser humano sob sua responsabilidade, pois a forma como são tratados pelas suas lideranças refletirá na família, no meio social em que vivem e na sociedade como um todo.

Até hoje mantenho contato com pessoas com as quais trabalhei, pois o elo de confiança e respeito transcende o vínculo profissional.

E, sempre que possível, contribuo com o crescimento profissional delas, seja encaminhando-as para outra empresa, se não estão felizes, ou atuando como mentora para que trilhem novos caminhos dentro da própria organização.

Coração aberto

Como já citei no início desta obra, o importante é sempre pensar no bem-estar de todos: da pessoa e da empresa.

Quando as organizações preparam seus gestores para serem verdadeiros líderes e não apenas chefes, eles mesmos ajudam no crescimento das pessoas; e se a empresa não tem oportunidade que atenda às expectativas de algum colaborador num determinado momento, o melhor a fazer é ajudá-lo a encontrar outras oportunidades onde seja mais feliz e produtivo! Afinal, a responsabilidade maior do líder está na formação e no desenvolvimento das pessoas, e se isso não for possível naquela empresa, deve-se liberar e incentivar o colaborador para que alce novos voos. Isso só engrandece a liderança e a organização.

Pela minha experiência, posso dizer que consegui alguns *upgrades* de carreira com esses movimentos estrategicamente conduzidos. Afinal, ninguém quer que um profissional fique na empresa apenas para ganhar seu salário e com a carreira estagnada. A fila tem que andar.

Introdução

Temos que fazer tudo com a reta intenção de ajudar a todos, sem puxar o tapete de ninguém e sendo muito claros e transparentes. Nunca tive receio de falar de coração aberto quando sou instada a ajudar um colaborador ou uma empresa num momento delicado em que há um problema de relacionamento impedindo a realização de um bom trabalho. No entanto, todo o cuidado é pouco na hora de intermediar situações como essas e, no final, é muito gratificante ser o fio condutor da mudança positiva em uma carreira profissional.

Essas mudanças não acontecem somente dessa maneira. Há muitas outras formas de buscar ser feliz no trabalho, ficando ou não na empresa em que se está empregado. E, a partir de agora, vamos saber o que alguns personagens da vida real com quem tive o prazer de trabalhar têm a dizer sobre o impacto do RH em suas vidas.

Capítulo 1

XÔ, MEDO!

Gostaria que vocês conhecessem primeiramente a história de carreira da nutricionista Glauce Gravena, que fez *coaching* comigo há cerca de 15 anos. Durante a leitura, será possível constatar a importância do trabalho de *coaching* no desenvolvimento da carreira dela, no despertar de seu potencial, no fortalecimento da autoconfiança e no reconhecimento profissional que todo esse pacote proporcionou à Glauce. Apesar de ainda não ter confiança total de que suas ações como líder na Johnson & Johnson dariam certo, ela se empenhou em ir em frente e colocar suas ideias em prática. Quanta competência e quanta criatividade estavam retidas nessa nutricionista cheia de talento profissional! Nós nos encontramos por meio do querido amigo José Carlos Moretti, que vocês já conheceram alguns capítulos atrás. O *coaching* com a Glauce deu resultados concretos, porque ela não admitiu ficar paralisada diante de seus medos. Vamos conhecê-la.

Com a palavra, Glauce Gravena

"Depois do coaching com a Lúcia, não somente eu, mas minha equipe inteira se desenvolveu."

"Ter tido um gestor como o José Carlos Moretti e uma coaching como a Lúcia Meili fez toda a diferença em minha

carreira. Existe um antes e um depois da passagem desses profissionais fabulosos em minha vida. Eles me deram a autoconfiança da qual eu precisava para meu desenvolvimento, proporcionaram minha compreensão sobre a liderança em sua total amplitude e trabalharam minha inteligência emocional – especialmente a Lúcia - de uma forma tão natural, que seus ensinamentos continuam dando frutos até hoje.

Eu trabalhei na Johnson & Johnson por 24 anos. Entrei lá como estagiária, logo passei para trainee e, em seguida, assumi a coordenação do restaurante autogestão da empresa. Um salto e tanto para uma jovem de vinte e poucos anos. Eu cuidava da área de food service, que correspondia a toda a parte de restaurante, eventos, lanchonete, enfim, de tudo que envolvia serviços de alimentação.

Durante esse período, minhas lideranças foram mudando, até que eu tive uma gestora controladora demais. E eu acabei ficando sob o comando dela, sem ter liberdade para colocar minhas ideias em prática. Aliás, eu nem tinha coragem de falar das ideias, apenas cumpria as tarefas dadas pela gestora. Até que um dia veio para a área de alimentação um líder para lá de especial: José Carlos Moretti. Ele era o responsável pelo serviço de alimentação da capital paulista, onde eu atuava, e de São José dos Campos. Observador, e com bastante experiência em desenvolvimento de pessoas por ter trabalhado muitos anos no RH, ele percebeu minha dificuldade em assumir um papel de liderança; em contrapartida, achava que eu tinha potencial para o cargo que ocupava. Eu tinha, à época, cerca de 25 funcionários sob o meu comando, muitos estavam na empresa há décadas e me olhavam como uma pessoa muito jovem e profissional de poucos anos de casa. Sim, eu seguia em frente liderando o grupo, mas com um peso enorme nas costas. Além disso, tinha muita dificuldade em lidar com a liberdade toda que o Moretti passou a me dar, já que com minha gestora anterior eu era totalmente controlada e engessada. O Moretti dizia:

'Você está segura em colocar em prática esse projeto? Vá em frente!'

E eu pensava comigo mesma: 'Puxa, posso fazer mesmo? Será que vai dar certo?'

Então, ele me indicou a Lúcia para fazer um coaching. Foi transformador, em termos de desenvolvimento profissional e de personalidade, e as mudanças foram acontecendo de forma tranquila, à medida que fazíamos as reuniões semanais e ela transmitia as tarefas. Fomos construindo juntas esse caminho durante o meu processo de aprendizado.

A Lúcia fazia um trabalho muito interessante a partir de filmes, a fim de estimular o autoconhecimento. Um dos filmes que eu mais me recordo foi Memórias de uma Gueixa. Ela escolheu mesmo a dedo, porque assim como a gueixa tem um papel de submissão ao homem, eu tinha um papel de submissão intransponível aos meus diretores. A hierarquia me paralisava muito. Eu chamava todos de 'senhor' e 'senhora'; na minha família, era assim também; chegava ao ponto de quase baixar a cabeça para falar com os chefes, tal era o grau de submissão. O pior é que, pelo cargo de chefia que eu mesma ocupava, eu tinha que estar em contato com os níveis hierárquicos mais altos o tempo todo.

Com o trabalho de coaching, eu não perdi o respeito, claro, mas, depois de analisar meu comportamento, consegui me relacionar com eles de igual para igual. Há um nível de hierarquia? Sim, no entanto, eu tinha que assumir meu papel e colocar minhas ideias aos diretores da forma correta, respeitando a mim mesma nesse relacionamento.

O foco do coaching era o desenvolvimento profissional, a meta da Lúcia era que eu assumisse com consciência a liderança que exercia, mas o autoconhecimento mexeu com minha vida inteira.

Neste coaching, a Lúcia me ensinou também a fazer apresentações e até a entrar numa sala de reuniões com confiança. Ela falava:

'Quando chegar para uma reunião, pense numa música que você gosta para dar uma desconectada do que está ao seu redor. Lembre-se sempre de que é você que tem o controle do conteúdo e siga em frente'".

O clique

"Depois de trabalhar meus gaps, a Lúcia começou a trabalhar o meu time, porque sentiu que era necessário. Ela fez entrevistas individuais com todos para me passar um panorama personalizado. O relatório comportamental da minha equipe me levou a entender os profissionais que trabalhavam comigo e a reconstruir meu grupo de forma a otimizar os processos no restaurante. Comecei a identificar quem precisava de mais estudos e conhecimento e quem já havia encerrado seu ciclo na organização. A Lúcia me ajudou a clarear a mente até para ter coragem de fazer demissões que precisavam ser feitas. Afinal, era necessário dar uma oxigenada na equipe, inclusive porque o tema da gastronomia ganhou os holofotes e era preciso mais e mais desenvolvimento na área. Desliguei algumas pessoas com o coração leve, por um bem maior: o bem-estar da equipe, pois algumas pessoas atrapalhavam o clima de trabalho. Essa foi a parte mais difícil sem dúvida, mas algumas pessoas me deram um feedback positivo depois da demissão, eram alguns funcionários aposentados que perceberam que o ciclo deles tinha realmente se encerrado na J&J e que foi importante o movimento que fiz no time. Fui transparente com todos, seguindo o exemplo do Moretti.

No fim das contas, acabei ajudando meu time a se desenvolver, dando condições a cada um de preencher seus gaps."

Círculo virtuoso

"Nesse processo, um chefe de cozinha se desligou e eu já havia percebido o potencial de uma outra pessoa da equipe para ocu-

par a vaga, mas esse profissional não tinha o segundo grau completo, o que era necessário. O Moretti me apoiou, porque acreditou na minha avaliação, e fizemos uma proposta para que esse profissional terminasse os estudos e fosse promovido. Foi muito difícil convencê-lo, pois ele estava irredutível a voltar para a sala de aula, mesmo tendo uma ótima oportunidade de crescimento profissional. Eu insisti, pois não queria simplesmente buscar alguém do mercado, já que daria à equipe a impressão de que eu não valorizava os que estavam na empresa. Minha estratégia foi conversar com pessoas próximas a ele para que elas o fizessem ver que o estudo poderia alavancar vários passos em sua carreira. Com um pouquinho de paciência, deu certo e a promoção aconteceu. Fiquei muito feliz, pois percebi que, com meu crescimento profissional, eu tinha sido capaz de ajudar outra pessoa a alçar novos voos na carreira. E ninguém faz nada sozinho: eu tive que melhorar salários, fazer substituições para trazer pessoas com mais conhecimento técnico, proporcionei treinamento a outros... Afinal, eu precisava da equipe crescendo junto comigo.

Eu mesma resolvi fazer vários cursos para me aprimorar. Sou nutricionista por formação, fiz pós em gestão de qualidade em alimentos, a pedido da própria J&J, depois, fiz pós em nutrição clínica e uma série de cursos voltados à gestão, como o de empreendedorismo no Insper.

Como eu sempre estive no trabalho do restaurante para os funcionários da empresa e isso não tinha nada a ver com os produtos da J&J, sempre achei que eu trabalhava numa empresa dentro de outra empresa e, de certa forma, eu acabava fazendo a gestão financeira, a gestão de pessoas e o Marketing, tendo o apoio das outras áreas da J&J, claro. Diante disso, eu precisava me aprimorar na gestão.

O meu crescimento na carreira não parava. Fui para a Feira de Alimentação em Chicago, a maior do mundo, para me atualizar[18] e

---

18 Benchmarking é uma análise estratégica das melhores práticas usadas por empresas do mesmo setor em que o profissional trabalha.

fomentar novas ações no restaurante. Fiz muito benchmarking e estudos de terceirização, e conseguia demonstrar para a diretoria que valia a pena manter o restaurante autogestão como estava.

Ao mesmo tempo em que essa agitação boa acontecia na minha carreira, iniciei um trabalho para melhorar o conhecimento de todos na área da gastronomia. Trouxe profissionais para ensinar desde amolar uma faca e ter a ciência sobre as ervas de tempero até boas práticas de atendimento. Posso dizer que o restaurante foi elevado a outro patamar. Nossa pesquisa de satisfação chegou a ficar acima de 90%.

Ganhei vários prêmios internos da J&J nessa nova fase, por conta da boa gestão do restaurante."

Movimento crucial

"As ideias brotavam na minha cabeça. Dei início a uma série de eventos durante os almoços, linkando marcas da Johnson & Johnson com datas comemorativas. Além do Dia das Mães, dos Pais, das Crianças, eu criei eventos ligados ao verão, por exemplo, quando havia a promoção de produtos como o Sundown – e todas as divisões da J&J queriam lançar produtos no restaurante. Foi um sucesso! O restaurante começou a bombar!

E olha que, mais tarde, eu vim a descobrir que se eu não tivesse feito esse movimento na minha carreira, o restaurante poderia ter sido terceirizado lá atrás e talvez não houvesse mais lugar para mim nem para a equipe. Como eu fiz uma verdadeira revolução na carreira, no restaurante e na equipe, tive a oportunidade até de tocar o projeto do novo restaurante da J&J: um dos maiores desafios da minha vida profissional.

O restaurante ficava no 1º andar e foi para o térreo. A mudança aconteceu porque eu demonstrei que todos queriam almoçar no restaurante, inclusive os ocupantes dos mais altos cargos, e o espa-

ço já não suportava mais a demanda. O Moretti pediu uma pesquisa, que demonstrou que a qualidade da alimentação era atestada por todos, mas havia muita insatisfação em relação ao espaço.

Essa fase coincidiu com o aumento do interesse mundial pela gastronomia e por sua importância para a saúde de todos, e ainda, com o crescimento da empresa, quando o número de funcionários aumentou e o número de refeições servidas no restaurante corporativo também aumentou drasticamente.

Foram muitos os desafios que consegui enfrentar depois do coaching. Eu fiquei à frente do novo projeto do restaurante juntamente com a empresa de arquitetura. Fui conhecer muitos restaurantes para criar um espaço realmente especial. Os funcionários queriam mais variedade de alimentos e eu criei o conceito de ilhas. Havia a ilha brasileira, a contemporânea, a slow food e a gourmet. De 500 refeições diárias, passamos a 1.000. Tive que ter criatividade e muito controle para gerir a verba prevista. Pelo ambiente confortável e aconchegante, além da utilização do conceito de sustentabilidade no novo restaurante, em 2018, recebi o Prêmio Personalidade Profissional da CNTU[19], na categoria Nutrição. A única unidade da J&J no mundo que tinha restaurante autogestão era a de São Paulo. Como todas já tinham sido terceirizadas, no início da pandemia da Covid-19, aqui também houve esse movimento. Eu fui incumbida de fazer todo o projeto para a terceirização e me senti reconhecida pela empresa pelo bom trabalho que realizei durante 24 anos."

Abri a caixinha

"Eu sou um pouco introspectiva e tinha muitos medos. Na cartinha que a Lúcia me entregou depois do coaching, ela disse que meu potencial todo estava preso dentro de uma caixinha. Quando eu abri

---

19 Confederação Nacional dos Trabalhadores Liberais Universitários Regulamentados.

essa caixinha, foi só uma questão de tempo para que eu pudesse ter um sucesso profissional consistente. Em outras palavras, eu tomei as rédeas da minha carreira e das minhas decisões na vida.

Saí da J&J em 2021 e me tornei empresária. Trabalho em duas frentes: tenho uma empresa de equipamentos para food service e uma de aluguel de máquinas de gelo. Além disso, sou consultora para food service.

Tudo o que eu conquistei, inclusive o up no patamar salarial, veio da sementinha que a Lúcia plantou lá atrás.

Ela me perguntou durante o processo de coaching como eu queria estar dali a 5 anos. E só em me despertar esse olhar, ela me fez refletir a fundo em como aqueles medos estavam paralisando a minha vida e a minha carreira. O coaching me fez olhar de frente para os meus medos e para o meu potencial. Creio que o medo seja importante em alguns momentos da vida, pois temos que saber onde está o perigo. Entretanto, diante dele, você tem que vislumbrar as saídas, ou seja, não adianta fazer de conta que ele não existe e ficar parada num canto.

Como eu fazia parte de um grupo de nutricionistas, convidei a Lúcia para escrever um capítulo de um livro que preparamos sobre gestão de pessoas em restaurantes. Ela escreveu o seguinte sobre o coaching:

'O sucesso do programa requer coragem de todas as partes, compromisso, confiança, comunicação honesta e respeito mútuo para sair da zona de conforto, explorar valores, visões e propósitos.'"

"Fiz o coaching com a Lúcia há bastante tempo, mas guardo cada momento desse aprendizado marcante que impactou toda a minha vida."

Capítulo 2

MUDANÇA DE RUMO

Gostaria que vocês conhecessem a história do Rafael. Quando ele trabalhava na área de TI da MPD, meu *feeling* me levou a propor que ele migrasse para o *Marketing*. Eu vi algo que ele não tinha percebido ainda. Lembro bem a reação do Rafael naquele momento que eu disse que a MPD precisava de uma pessoa de *Marketing* com a cabeça aberta para trabalhar com as mídias sociais. Deu para perceber que, a princípio, ele achou a ideia insana, mas acabou topando o desafio e foi superbem! Era justamente na época em que o *Marketing* estava começando a utilizar as redes sociais como uma ferramenta de peso, e com o conhecimento de TI, ele se destacou de forma admirável. A partir daí, o patamar profissional do Rafael se elevou. Logo ele recebeu uma proposta de uma grande empresa de Tecnologia. O profissional de TI e *Marketing* é muito disputado hoje no mercado, mas naquela época, em 2008, ninguém pensava ainda na convergência dessas duas profissões.

Vamos ouvi-lo.

Com a palavra, Rafael Marinho Almeida

"Todas as vezes em que conversei com a Lúcia, mesmo em um simples bate-papo na hora do cafezinho, foi enriquecedor. Ela tem um conteúdo valioso."

"Trabalhar com a Lúcia Meili mudou minha carreira. Estava há 10 anos na área de TI e, um dia, a Lúcia me questionou se eu tinha interesse por uma vaga na área de Marketing da empresa. No primeiro momento, achei muito estranha a proposta. Como eu, um profissional de TI, iria trabalhar com Marketing? Após uma longa conversa com ela, aceitei o desafio, e acabei me encontrando profissionalmente. Quando falava para as pessoas sobre essa minha mudança, elas não entendiam bem, mas essa junção de carreiras me trouxe uma bagagem incrível. Enquanto os profissionais de Marketing corriam para se atualizar na área de TI, eu já estava pronto. A Lúcia tem uma visão ímpar de futuro e de perfil dos funcionários e me desafiou num momento ótimo para uma guinada na carreira."

Sonho de infância

"Vamos voltar no tempo para que eu possa contar como conheci a Lúcia. Eu trabalhava no bairro de Interlagos, zona sul de São Paulo, e queria voltar a estudar para fazer pós-graduação. Comecei, então, a procurar emprego em Alphaville (Grande SP). Só assim conseguiria estudar e trabalhar, sem perder tempo no deslocamento. Pela plataforma Catho, pleiteei uma vaga na MPD e a Lúcia me chamou para a entrevista de trabalho.

Aqui, um parêntese. Foi engraçado porque eu estudei na Fieb (Fundação Instituto de Educação de Barueri), em Alphaville, e eu sempre passava em frente ao prédio onde ficava a MPD: o Stadium. Desde a época em que estava em construção e que eu fiquei sabendo sobre o conceito de abrigar moradia, hotel e salas comerciais, oferecendo a oportunidade de morar e trabalhar no mesmo complexo de prédios, eu falava para o meu pai: 'Um dia, eu vou trabalhar aí'.

Pois foi lá que eu fiz a entrevista de emprego. Depois da entrevista, liguei para o meu pai quando ainda estava me dirigindo ao carro, e contei esfuziante para ele:

Mudança de rumo

'Pai, você não vai acreditar: eu fiz uma entrevista de emprego naquele prédio que eu sempre gostei e onde eu queria trabalhar'.

Já no carro, continuei conversando com meu pai, indo em direção a Interlagos, quando surgiu o telefonema da Lúcia. Eu avisei a ele e puxei a ligação da Lúcia. Foi quando ela me deu a notícia de que eu havia sido aceito, pois o gerente de TI da MPD havia gostado do meu perfil.

Durante os oito anos na empresa, tive bastante contato com a Lúcia. Fiquei como analista de informática durante alguns anos. Quando veio o boom das mídias sociais, a Lúcia informou a todos sobre a abertura de uma vaga no Marketing voltada a esse nicho. Eu indiquei algumas amigas minhas formadas em Marketing. Depois da fase de entrevistas para essa vaga, fui pegar um feedback da Lúcia sobre minhas amigas. As cenas que se seguiram estão muito vivas na minha memória. Era um dia de manhã cedo e ela tinha acabado de chegar à MPD. No cafezinho, ela falou:

'Poxa, Rafa, gostei muito das meninas, só que eu acordei hoje de manhã pensando nisso e acho que você é a pessoa certa para a vaga'.

À minha cabeça, veio a seguinte ideia: a Lúcia ficou louca! Eu tenho 10 anos de carreira em TI, como vou mudar para o Marketing assim, sem mais nem menos?

E aí eu ponderei com ela:

'Lúcia, eu acho que tenho uma caminhada bem-sucedida na área de Tecnologia, minha formação toda foi nessa área, e não tenho nenhum conhecimento de Marketing.

Ela retrucou com muita firmeza:

'Não, Rafa, eu aposto que você é 'a pessoa' e se daria muito bem no Marketing'.

Ela foi tão incisiva que me fez pensar. Na verdade, eu não tinha mais para onde crescer. Além do mais, a Lúcia me garantiu que, se não desse certo a mudança, eu voltaria para a área de TI.

Então, eu concordei e me dispus a arriscar.

Comecei em seguida no Marketing, mas confesso que na minha cabeça – e acho que na cabeça de ninguém naquele momento – era normal a ideia de ter uma pessoa de Tecnologia, que trabalhava na infraestrutura, se dar bem no Marketing.

Fui atrás de cursos, e a Lúcia intermediou junto à empresa o custeio da minha especialização nessa nova área.

De repente, tudo começou a fazer muito sentido profissionalmente, porque a Tecnologia simplesmente invadiu a área de Marketing e, hoje, temos até um termo para identificar essa área mista: é o MarTech, junção das palavras Marketing e Technology, que engloba soluções de Tecnologia dentro da área de Marketing.

Ensinar Tecnologia a um profissional de Marketing é muito difícil, pois são perfis diferentes. O contrário também não é fácil. Leva-se algum tempo para que esse aprendizado dê frutos. Mas a minha assimilação trabalhando no MarTech foi mais rápida do que eu pensava. De repente, eu virei um profissional que estava muito bem-posicionado no mercado.

Acredito que nos dias de hoje o profissional de Marketing que é avesso à Tecnologia não tem muita chance no mercado de trabalho, porque o Marketing não é mais só evento, não cuida mais apenas de fazer anúncios na Folha de S. Paulo ou no Estadão. Atualmente, está todo mundo conectado no celular ou no computador boa parte do dia. Então, você consegue impactar as pessoas que realmente interessam para o negócio de uma forma muito mais eficaz.

Depois dessa guinada, eu fiquei mais alguns anos na MPD, trabalhando muito próximo da Lúcia. Antes, quando somente atuava em TI, só a via quando dava algum problema nas máquinas e o suporte técnico era acionado. Já o Marketing e o RH sempre trabalharam em sintonia na MPD. Participamos juntos do processo para a certificação das melhores empresas para se traba-

Mudança de rumo

lhar, nos projetos de endomarketing, de treinamento interno, visitávamos obras juntos e estávamos sempre em contato nas reuniões. O Marketing apoiava bastante também na questão das metas de entrega de empreendimentos e no setor de reclamações. A Lúcia era muito atuante nesse e em muitos outros setores do dia a dia da empresa.

Em 2017, por estar nessa posição bem-qualificada, eu recebi um convite para trabalhar na Oracle. Tinha todos os requisitos que eles procuravam: entendia de Tecnologia, tinha vivência na área de negócios com o Marketing e conhecia bem a indústria na área de construção e incorporação.

Quando eu falei para a Lúcia sobre a proposta da Oracle, ela até quis encontrar uma maneira de me segurar na MPD. Entretanto, em termos salariais e em termos de crescimento – por ir trabalhar numa empresa que tinha 140 mil funcionários no mundo e me abriria uma porta global –, não havia comparação possível entre uma proposta e a outra. Eu lembro que, na época, o presidente da MPD, Mauro Dottori, estava de férias e, mesmo assim, ela falou com ele, pois os funcionários na MPD costumam ficar por muitos anos na empresa. Então, eu conversei com o Dottori também e saí de lá muito bem, deixando a porta aberta.

Quando a Lúcia viu que não tinha jeito, ela me incentivou, porque eu estava indo para uma empresa onde eu teria um leque de opções enorme na carreira, tanto que fiz muitos cursos no exterior, o que tornou meu currículo mais robusto.

Foi um grande salto ser contratado por essa gigante de Tecnologia americana. Minha carreira transcorreu superbem lá dentro e, depois de quatro anos, fui convidado para trabalhar na Salesforce, também uma empresa de Tecnologia americana, só que um pouco mais jovem, mas que hoje é reconhecida como a maior do mundo para CRM.[20]

---

20 CRM é uma ferramenta de vendas para gerenciar o processo do início ao fim.

Veja quanta coisa veio por essa mudança 'louca' que a Lúcia me sugeriu lá atrás! Eu sou muito grato a ela, porque a minha carreira deslanchou de uma forma que eu nunca havia imaginado. Cheguei a objetivos que eram muito distantes para mim. Ela me instigou, dizendo que eu poderia crescer de outra forma, e eu, que estava na carreia certa, fui para uma mais certa ainda. Acredito que tenha sido isso que ela viu naquele momento, porque é de vanguarda, sempre pensa lá na frente.

Eu me lembro que a gente sempre falava:

'Opa! A Lúcia teve mais uma iniciativa daquelas e vamos ter que trabalhar muito!'

Enfim, era sempre desafiador trabalhar com ela."

Decisões seguras

"Eu nunca fui demitido, sempre saí de um emprego porque fui convidado para outro que eu achava melhor para mim.

Há uma história interessante sobre a minha contratação na Oracle. Eu não iria ser contratado porque meu inglês era apenas mediano. E não foi por falta de aviso da Lúcia. Ela pegava no meu pé por causa disso, já que o profissional que não sabe inglês se abstém de um grande volume de conteúdo e isso acaba limitando suas ideias de inovação e sua atualização em muitos assuntos.

No momento da entrevista na Oracle, eu perguntei para o meu futuro gerente:

'Você não tem o tempo de três meses de experiência para decidir se me contrata em definitivo ou não?'

Ele disse: 'Sim'. Mas foi taxativo:

'Se você não cumprir sua parte em três meses, eu te demito sem peso na consciência'.

Mudança de rumo

Eu disse: 'Combinado!'

Como eu tinha um hiato de uma semana e meia entre a saída da MPD e a entrada na Oracle, fui para a Inglaterra e fiz uma imersão no idioma. Era exatamente o que eu precisava e deu muito certo. E uma coisa interessante é que acabou fluindo tão bem o trabalho no dia a dia, que o gerente nem chegou a fazer o segundo teste para verificar minha fluência em inglês. Passou batido.

Entrei na empresa como especialista de marketing cloud[21] e, depois de três anos, fui para Vendas, como um vendedor especialista em marketing cloud. Portanto, antes eu acompanhava o vendedor para fazer uma apresentação de como aquela ferramenta funcionaria dentro de determinada empresa, era mais uma defesa técnica da solução – portanto, foi mais um degrau que subi no meu escopo de trabalho. Continuo em Vendas até hoje, só que em outra empresa. Oracle e Salesforce são concorrentes diretos e essa última cresceu em ritmo acelerado nos últimos anos. Foram alguns amigos que me indicaram para essa nova empresa e já estou trabalhando lá há três anos."

O impulso fundamental

"A atuação da Lúcia à frente do RH em relação ao meu caso me deu coragem para todas as minhas decisões futuras. Ela me fez enxergar a questão do desenvolvimento profissional. E ainda por cima jogou aberto comigo para me dar força na decisão, dizendo que se eu não me desse bem, voltaria para minha área antiga. Foi dessa forma que ela me impulsionou a chegar aonde estou hoje.

Assim, saí de uma empresa grande de Tecnologia e fui para uma mais nova, aceitando o desafio. Depois que você faz uma mudança igual àquela que a Lúcia propôs, pode fazer qualquer coisa! Se tives-

---

21 Plataforma baseada em nuvem para personalizar mensagens ao público-alvo.

se que mudar de profissão de novo e sentisse que a movimentação seria boa, enfrentaria essa empreitada com muita confiança.

Eu subi de patamar financeiro por causa daquela guinada profissional ousada que topei fazer, pois mesmo se eu fosse hoje diretor de tecnologia em alguma empresa, não estaria ganhando o salário que ganho no MarTech.

A Lúcia é generosa em passar seus conhecimentos. Ela me ensinou até sobre a postura para participar das reuniões de trabalho. Sim, postura física. Ela dizia que quando eu fosse para uma reunião, não deveria ficar encurvado como eu sempre ficava, pois a postura demonstra se você está bem, assim como a cabeça erguida, que demonstra confiança na hora de tomar a palavra para falar diante de todos. São coisas que eu levo para minha vida até hoje."

"Gosto de contar para todo mundo essa história sensacional da Lúcia mudando o rumo da minha carreira, porque pode abrir a cabeça de muita gente, inclusive daqueles que se sentem estagnados no trabalho."

Capítulo 3

O COELHO DA CARTOLA

A história da Cintia é muito interessante, pois ela já parecia preparada, pela sua própria vivência, a desenvolver de forma muito rápida a sensibilidade do olhar para todos à sua volta, sem distinção de cargos. A empatia a impulsionava a realizar um trabalho importante para o crescimento da carreira de muitos colaboradores da empresa. As transformações de vida que Cintia presenciou nos canteiros de obra da construtora MPD enchiam o coração dela de alegria, e o tempo que passamos juntas, desde quando ela foi contratada como analista de RH, é recheado de experiências positivas e muito bom humor. Na MPD, costumávamos fazer treinamentos de líderes de forma inovadora, e em um desses, usamos como tema a "escola de samba". Pois bem, preciso dizer que não me sai da cabeça a hora em que a Cintia entrou no ginásio na ala das baianas! Ela vestia a fantasia para valer nesses treinamentos e passava o recado que era fundamental: quero aprender mais e mais a ser melhor! Por essa postura, não hesitei em indicá-la para a gerência de RH de uma empresa para a qual prestei consultoria. Os feitos dela no cargo já demonstram que foi uma decisão acertada.

Vamos ouvi-la.

Com a palavra, Cintia Marotti

"Ter que lidar com pessoas e dinheiro sempre dá confusão, não tem como. Mas, com criatividade, a Lúcia conseguia o que queria pelo bem da empresa e dos funcionários."

"Eu estou me empenhando para implantar na empresa onde trabalho agora a cultura de RH que a Lúcia desenvolveu na MPD. E ela fez todas as mudanças, muitas delas gigantescas, com maestria e tranquilidade, sendo que essa última característica é bastante complicada de se atingir, porque nunca vi mudanças significativas sem certos embates.

Levo para a vida o que a Lúcia me ensinou sobre um trabalho motivador e com propósito. Sei que não é fácil trabalhar feliz e ser produtiva, trabalhar feliz e trazer resultados constantes, muitas vezes sob pressão, mas não posso nem pensar em fazer apenas o básico, que dá menos trabalho, porém, o resultado é zero de satisfação e felicidade."

Caminhada

"Eu sou formada em Administração de Empresas, fiz pós em Gestão de Pessoas e estou finalizando MBA em Gestão de Negócios. Comecei na área de RH em 2006, trabalhando como analista num shopping. Fiquei lá por cerca de dois anos e meio e estava em busca de uma nova oportunidade de emprego quando um amigo apresentou meu currículo para a Lúcia. Em setembro de 2012, fui contratada e comecei a trabalhar como analista de RH na MPD, numa jornada que seria de muito aprendizado e crescimento profissional ao lado de uma pessoa sempre pronta a ensinar tudo o que sabia sobre a melhor parte do RH: lidar com gente.

No emprego antigo, eu atuava também na área burocrática do departamento pessoal e, na construtora, já comecei com essa *proposta diferente de trabalhar voltada às pessoas e seu desenvolvimento. Gostei muito do primeiro contato com a Lúcia e do jeito dela de ouvir atentamente o candidato no momento da entrevista de admissão.*

Ela me apoiou muito em toda a caminhada de conhecimento sobre a parte estratégica do RH, para que eu me desenvolvesse na carreira. Comecei como analista, ela me promoveu para a coordenação e, antes de deixar a empresa, para gerente de RH."

Um olho no peixe e outro no gato

"Eu costumo dizer que o RH é uma área ingrata, porque você tem que atender aos objetivos e anseios da corporação, mas também aos objetivos e anseios das pessoas. E como conseguir conciliar isso, já que os donos da empresa desejam que as coisas aconteçam com o menor custo possível?

As pessoas precisam de um ambiente amigável para o seu crescimento, precisam de estímulos e, de repente, com um orçamento geralmente curto, o profissional de RH tem que ter um pouco de mágico e tirar o coelho da cartola no momento certo.

Acho que esse foi o aprendizado que a Lúcia me deu nos anos que trabalhamos juntas, ou seja, como fazer acontecer aquele projeto de recursos humanos importante para a organização, sem se deixar paralisar por um momento desfavorável ou um cenário avesso aos planos. Criatividade para fazer acontecer tem que ser uma constante na nossa agenda.

Como o RH cuida das pessoas e dos objetivos organizacionais, quando a empresa quer de verdade que esse trabalho se desenvolva para o bem de todos, tudo fica mais fácil.

O financeiro está de olho nos números, no dinheiro. E o RH também tem que ficar atento à economia das ações, mas, além dis-

so, tem que cuidar do complexo universo que envolve o ser humano; afinal, não é apenas o profissional que vai à sua sala para conversar e apresentar seus problemas e demandas no trabalho, é uma pessoa com todos os seus pensamentos e desassossegos.

Diante dessa realidade, a Lúcia sempre conseguiu extrair o melhor de quem trabalha com ela, fazendo aflorar a criatividade em toda a equipe, que acabava aprendendo essa habilidade de forma muito natural. Ela cria soluções geniais e nem demonstra que foi difícil de conseguir, pois sempre tirou ideias e projetos inteligentes de simples conversas, das reuniões com os gestores ou do seu olhar atento a tudo, tudo mesmo."

Legado

"Quando eu cheguei à MPD, a empresa tinha acabado de participar pela primeira vez do processo para se certificar entre as 150 Melhores Empresas para Trabalhar e tinha recebido a devolutiva negativa.

Recomeçamos todo esse processo para conseguir a certificação e entrar no ranking; participei ativamente da movimentação gigantesca que a Lúcia promoveu incansavelmente em todas as frentes. A equipe de RH unida lutou muito para isso! A Lúcia implantou a escola de alfabetização e outras ações voltadas ao desenvolvimento dos colaboradores, trazendo para eles o sentido e os benefícios de estarem na empresa, benefícios pessoais e profissionais. No âmbito profissional, buscamos saber o que poderíamos fazer para melhorar o dia a dia na organização, sabendo que as pessoas passam lá a maior parte do tempo: são 8, 9, 10 horas dentro do ambiente empresarial. Os propósitos eram melhorar o clima, oferecer treinamento, remuneração compatível com o mercado, pensando que a pessoa tem não somente

O coelho da cartola

necessidades básicas, mas também sonhos de conquistar um lugar bacana para morar, uma alimentação de qualidade para a família, condições de lazer no fim de semana etc.

Então, o RH fez muitos projetos relacionados a essas metas. As ações aconteceram nos canteiros de obras também, pois, entre outras demandas, os operários reclamavam da alimentação. Trouxemos uma nutricionista para fazer a avaliação dos fornecedores de refeições, foi montado um refeitório com TV, mesas limpas, toalha, florzinha. Enfim, era um meio de tornar aquele ambiente de obra barulhento, com poeira e totalmente bruto, num lugar mais agradável para os trabalhadores.

Nós tínhamos um contato muito próximo com os colaboradores da empresa, não importava o cargo. Todas as vezes que íamos visitar as obras, éramos muito bem-recebidas. Os operários vinham falar com a gente com muito respeito, não tinha nenhuma torcida de nariz, ninguém achava que a Lúcia ia lá para encontrar problemas e levar para a diretoria, pois ela sempre jogou muito limpo com todos.

Quando a Lúcia saiu da MPD, eu chorei muito, como se tivesse perdido alguém da família. Sabia, naquele momento, que a visão mais humana do RH iria mudar e as ações voltadas para o desenvolvimento das pessoas, para os problemas delas que acabam afetando o lado profissional, ficariam arrefecidas. Diante da mudança do modelo de RH, preferi seguir outro caminho. Logo que ela saiu, eu também manifestei o desejo de me desligar da empresa. Hoje, sou executiva de RH na RSF Empreendimentos, por uma indicação da própria Lúcia, que se tornou minha amiga.

Na empresa onde atuo, a Lúcia fez a consultoria e implantação da área de RH. Os sócios queriam que ela assumisse a cadeira de diretora, mas ela sabe o que quer nesse momento, por isso, logo

161

pensou em mim. Ela disse aos gestores que eu seria a pessoa certa para dar continuidade à implementação do RH na empresa e deixou um legado formidável, preparou o terreno para a minha chegada. Assim, ficou mais fácil! Antes da consultoria da Lúcia, o pessoal da empresa não via necessidade da implantação do RH, no entanto, agora, o que se ouve de todos é que os pontos-chaves para o sucesso de qualquer organização envolvem invariavelmente o RH."

Marco inefável

"O Projeto Nossa Gente foi um marco na minha vida e carreira. Conhecemos de fato os colaboradores de dentro do escritório e das obras, e compreendemos suas aspirações e motivações para trabalhar na MPD. A empresa tinha cerca de 700 colaboradores e não ficou um funcionário sequer de fora, falamos com todos e em todos os Estados onde a construtora tinha obras. Isso só foi possível porque a Lúcia tinha muita liberdade de trabalho, já que o fundador da empresa, Mauro Dottori, gostava desse olhar dela para as pessoas.

Vi na MPD casos de transformação de vida e de carreira se multiplicarem. Acontecia muito nos canteiros dos prédios em construção: estagiários que chegaram a ser coordenadores de obras e ajudantes de pedreiro que foram promovidos a mestres de obra. No escritório também houve upgrade de carreiras, mas eu enxergo esse crescimento profissional no 'chão da obra' como muito mais difícil e intenso, porque existe toda uma cultura de discriminação, tem a dificuldade de acesso à educação e tudo isso atravanca mais o crescimento profissional para esse público. Mesmo com a jornada mais intensa para crescer, as transformações estavam acontecendo na gestão da Lúcia. Era lindo de ver!

O coelho da cartola

Uma história que me marcou muito na época do Nossa Gente foi a de um ajudante de pedreiro de 19 anos de idade. Ele trabalhava no corte de cana no Piauí e não sabia ler nem escrever. Quando chegou a São Paulo, dormia num galpão sobre um papelão. Como era um jovem, a gente esperava que ele já seria de uma geração com mais oportunidades para estudar. Mas a realidade era outra. Então, ele começou a frequentar a escolinha no canteiro de obras, aprendeu a ler e escrever, não faltava a nenhuma aula e, depois de um tempo, foi promovido de servente a pedreiro. Além disso, ele fez cursos de aperfeiçoamento no SENAI. Depois da alfabetização, passou a participar assiduamente de todos os cursos que oferecíamos.

Houve um outro relato de um aluno da escolinha de alfabetização que sempre tomava ônibus errado por não saber ler. Ele pedia ajuda às pessoas que estavam no ponto e algumas, por maldade, indicavam o ônibus errado, apesar de ele dizer o nome da linha que estava aguardando. Depois que foi alfabetizado, o operário relatou que estava feliz por não ser mais enganado pelas pessoas.

Foi um projeto marcante, que me abriu ainda mais o olhar para o mundo repleto de contrastes em que vivemos."

Mentoring em tempo integral

"Trabalhar com a Lúcia fervilhando de ideias e projetos é mais desafiador do que trabalhar num RH dentro da caixinha. Com ela, nada é simples, mas o fato é que tudo se realiza, por isso, o exemplo dela é motivador para quem busca resultados e a satisfação de um trabalho bem-feito no desenvolvimento de pessoas e na construção de um ambiente agradável para todos. A convivência com ela foi um mentoring dia após dia: ela te ensina, te instiga o tempo todo, te motiva e te faz dizer dentro

de você mesma que é possível atingir aquela meta, porque seu empenho e sua determinação vão te fazer chegar lá. No final do dia, em vez de fatigada, eu sempre estava cheia de confiança e dizendo: é isso que eu quero para minha vida profissional!

Só de falar 10 minutos com a Lúcia, eu já saía com o ânimo lá em cima, não importava a situação."

"Acho que empatia é a palavra que coloca tudo em prática. Você não consegue mais ver aquela pessoa ofendida e não reconhecida, sem buscar fazer algo por ela."

Capítulo 4

NO *FRONT*

Agora a história é do Aroldo Rocha Vieira. Quando eu entrei na MPD, ele era analista administrativo; percebendo o potencial dele, o promovi para analista de RH, depois para coordenador e, quando eu saí, ele já era gerente de RH. Foi uma progressão por merecimento. O Aroldo, que tem hoje formação em Administração de Empresas, Recursos Humanos e Segurança do Trabalho, entrou na construtora como *office-boy* e já trazia dentro de si a capacidade de ir em busca de crescimento profissional, tanto que está na empresa até hoje e é um funcionário bem-conceituado. O salto do Aroldo foi desenvolver um olhar aguçado ao ambiente de trabalho e a todos os seus colegas, com o intuito de se desenvolver e com o desejo sincero de ajudar a empresa a crescer também. Conhecer o seu papel dentro de uma organização é o primeiro passo para construir uma carreira sólida.

Com a palavra, Aroldo Rocha Vieira

"Ver uma pessoa que tinha cargo de diretora lá na linha de frente e conduzindo as ações de RH me impressionou muito, e foi um exemplo forte para toda a minha carreira."

"Antes da vinda da Lúcia, nós trabalhávamos no formato administração de pessoal, focado na questão de pagamentos, medições e custos. Nesse período, todo o departamento pessoal não tinha setores bem definidos e a gente fazia de tudo um pouco na questão de recursos humanos. Não havia uma área de recrutamento e seleção, por exemplo. Quando a Lúcia chegou, em 2007, foi o primeiro setor que ela estruturou, pela forte demanda. Era um período de expansão da construção civil: de 350 funcionários, passamos, em 2013, a 1.100.

Para tornar a empresa apta a contratar bons profissionais, ela não tardou a estruturar o setor de cargos e salários também. Não era tão fácil trazer pessoas da capital paulista para trabalhar em Alphaville, no entanto, a Lúcia sabia como conseguir e fez as mudanças estruturais a toque de caixa, embora de maneira sólida.

Ao mesmo tempo, o RH começou a ter um cronograma definido de treinamentos. Tudo tocado de perto pela Lúcia. Parecia que ela já tinha tudo programado na cabeça: seus objetivos, cronogramas, definições, métricas de avaliação de resultados etc. Nada escapava do olhar dela. Foi muito interessante participar dessa movimentação que a Lúcia fez no RH e, por consequência, na construtora. Era uma aula de RH atrás da outra e eu ganhei bastante formação nesse tempo de convívio com ela.

Antes, eu tinha uma visão muito monetizada desse trabalho de RH, voltada a custos e números. Eu aprendi com a Lúcia que o custo era, na verdade, um investimento. Passamos a gastar mais pela oportunidade de formação e treinamento dada ao funcionário, mas precisávamos compreender que aquilo iria voltar como benefício e produtividade para a empresa. Custo se transformar em investimento foi uma virada de chave sensacional."

O encontro de dois mundos

"Eu sempre tive muita aproximação com os operários das obras, pois tínhamos somente 350 colaboradores quando entrei na empresa. Entretanto, por incrível que pareça, eu tinha pouca aproximação com o pessoal do escritório, à época, cerca de 90 pessoas.

As expectativas de quem está nas obras são muito diferentes das de quem está no escritório. A Lúcia veio e não demorou muito para integrar esses dois mundos distintos e fazer todos se sentirem no mesmo barco. Esse aprendizado de lidar com profissionais tão distintos foi surpreendente para mim.

Nos treinamentos, os grupos do escritório e das obras se uniam nos desafios, e era demais participar dessa interação. Cada um começou a enxergar com outros olhos, além de mais respeito, o que os outros faziam na empresa e foi muito bacana. Os dois grupos se engajaram de tal maneira, que a empresa só ganhou com isso.

Como eu transitava mais no ambiente das obras, eu sabia que eles enxergavam o escritório como se fosse uma entidade inatingível. Sabe aquela impressão do pessoal de campo que acha que quem está no escritório só fica lá sentado, no ar-condicionado e sem fazer nada? Pois é, era assim. Foi uma visão distorcida que se desfez com a chegada da Lúcia, porque ela promoveu de forma bem natural esse encontro e todos perceberam que tinham que andar juntos, não somente pelo bem da empresa, mas pelo bem de todos. De fato, o que eu achei mais importante foi o pessoal do escritório sair para conhecer as obras. As visitas eram programadas e davam muitos frutos de senso de equipe.

Quando um funcionário novo das obras era contratado, ele era levado para conhecer o escritório e vice-versa. Com esse programa de *integração, a Lúcia contribuiu para desenvolver a empatia, tanto pelas pessoas quanto pelo serviço que cada uma prestava para o bom funcionamento da construtora. A Lúcia tem um olhar apurado para a pessoa que está por trás do profissional. Ela não perde esse foco nunca. Quanto aprendizado!"*

Sempre em movimento

"Ficar parada no escritório não fazia muito o estilo da Lúcia. Ela vivia cada espaço da empresa e das obras e sempre estava em movimento. A gente rodou muitas obras juntos e tínhamos contato com vários públicos no mesmo dia.

Lembro uma vez que a gente saiu da empresa junto às 4 horas da manhã para chegar a uma obra de Resende (RJ) às 7h. Era bonito de ver que a pessoa que está criando e direcionando as ações com a equipe de RH estava participando das atividades lá fora, bem próxima dos funcionários.

Comecei a entender melhor todas as pessoas e a perceber suas dores e alegrias. Antes, isso acontecia de forma meramente emocional, mas nesse aprendizado com a Lúcia, captei que havia uma forma racional de vivenciar essa realidade. Racional a ponto de você poder ajudar aquela pessoa de forma concreta.

Durante o plantão de dúvidas, ficávamos o dia inteiro à disposição dos operários. Acredito que é muito difícil ver essa atitude de dar ouvidos de verdade aos que estão no chão das obras. A gente trabalhava por demanda, e incitar essa demanda foi incrível. Era tanta coisa diferente que surgia nesses plantões, que nós começamos a aprender muito sobre o mundo em geral. O padrão era falar dos salários e tudo mais, no entanto, muitos vinham para desabafar conosco, falar dos problemas da família, das dificuldades de cuidar de um filho com necessidades especiais, vinham em busca de apoio, de um ouvido amigo para aliviar um pouco a tensão. Definitivamente, não era só uma questão de trabalho. Quando eu não conseguia ajudar algum colaborador, a Lúcia enviava outro profissional, mas nunca ninguém foi deixado sem resposta.

Conseguimos muitas cadeiras de rodas para famílias que precisavam. Essas ações indiretas faziam um bem imenso aos funcionários, o que retornava para a empresa, já que todos trabalhavam mais felizes sabendo que estavam sendo bem cuidados. Esse bem que fazíamos também voltava em forma de alegria para nós do RH.

A Lúcia preparou o terreno com maestria para que os operários tivessem confiança na empresa em que trabalhavam, e teve disposição em ouvi-los, tanto que o projeto Nossa Gente foi um sucesso. Todos demonstraram estar à vontade em falar dos seus sonhos e sentiram a importância que tinham para a construtora.

No dia a dia, eu trabalhava mais focado nas rescisões, ou seja, era um lado mais pesado do RH. A hora do desligamento não é nada fácil. Mas a Lúcia dava muito apoio com sua sabedoria e a conversa com o funcionário fluía melhor. Desde então, posso dizer que o número de ações trabalhistas que temos aqui é bem baixo. No mercado em geral, a média de processos de colaboradores diretos é de 15%. Aqui, não chega a 2%. Esse bom desempenho passa muito pelo bom relacionamento com todos os funcionários. Esse é um indicador para falar da qualidade do RH de qualquer organização."

Sabedoria

"Durante dez anos, tive um contato muito próximo com a Lúcia e foi um período muito rico, inclusive no lado pessoal, pois como ela é psicóloga organizacional, também conversamos bastante sobre vários outros assuntos. Portanto, ela contribuiu com o meu desenvolvimento pessoal também. Profissionalmente, digo que a Lúcia foi primordial para o meu crescimento consistente. A visão de RH que tenho hoje foi a Lúcia que me ensinou. Ela fez trabalhos individuais de mentoring comigo e eu a considero minha eterna chefe!"

"Quando era necessário, a Lúcia chegava chegando, explicava o que queria e não gostava de perder tempo, mas fazia tudo de forma planejada e consistente. Ela tirava você do status quo e dizia: vamos correr e vamos crescer!"

Capítulo 5

INTERESSE GENUÍNO PELAS PESSOAS

A presento agora a vocês o *case* do Marcelio, um profissional extremamente qualificado, mas que quase não passou na entrevista de admissão numa das empresas onde trabalhei. Não foi o primeiro caso em que meu *feeling* me levou a fazer mais entrevistas do que era praxe para esgotar as chances e tentar contratar um bom candidato, que era melhor do que se mostrava durante o processo de seleção.

O Marcelio, que é da área financeira, chegou cabisbaixo e demonstrando certo desânimo. Logo depois da primeira entrevista, e diante de um currículo excepcional, liguei para ele para dar um *feedback* honesto sobre sua *performance* para conquistar a vaga. Expliquei que ele não falava com convicção e respondia muito rapidamente às questões apresentadas, e que seria interessante que, em uma nova entrevista, ele trouxesse exemplos de suas realizações. Senti que, com a conversa que tivemos, dei ao Marcelio a chave dos *gaps* que ele deixou na entrevista de avaliação. O intuito não era criticar a pessoa, mas mostrar o impacto que o comportamento dela mesma causou em mim e no diretor financeiro.

Ele agiu com humildade e concordou que realmente não tinha se saído bem. Eu perguntei se ele realmente estava interessado na vaga e se voltaria para fazer uma nova entrevista, com uma nova postura, mostrando realmente seus conhecimentos e demonstrando o quão interessado estava na posição. E foi o que aconteceu, ele voltou muito melhor, tinha mais segurança ao falar e olhava nos nossos olhos, e não para o chão como havia feito da primeira vez. O resultado não poderia ser diferente: foi contratado e continua na empresa até hoje.

Entre a primeira e a segunda entrevista, houve um espaço de três dias. Como ele conseguiu mudar tão rapidamente? Primeiro porque aquele da primeira entrevista não era o verdadeiro Marcelio e, segundo, porque ele simplesmente reconheceu suas falhas, percebeu que eu estava querendo ajudá-lo e seguiu os conselhos cirúrgicos que dei a ele.

Lembro que o diretor financeiro disse à época: "O Marcelio realmente mudou muito de postura e me convenceu de que é a pessoa certa para a vaga".

Devo confessar que pensei muito bem no que ia dizer ao Marcelio, por isso tudo correu bem.

Eu tentei demonstrar a esse candidato que, mesmo que ele estivesse passando por um momento difícil – e isso ficou patente –, se ele se deixasse levar por essa emoção negativa estaria impactando negativamente a própria carreira e perderia uma boa chance de emprego, mesmo sendo capacitado. Infelizmente, acho que poucos RH têm essa postura. Trabalha-se muito com volume e, se um candidato já perdeu de cara a chance, passa-se para outro. Isso é ruim, pois a própria empresa pode estar perdendo a chance de contratar um ótimo profissional.

Marcelio me dá a honra de participar dessa obra.

Interesse genuíno pelas pessoas

Com a palavra, Marcelio Oliveira Pericinoto

"Gostei da metodologia aplicada, pois a Lúcia procurou conhecer mais meu momento pessoal e de carreira, e eu acabei conseguindo fazer a transição de empresa que tanto queria."

"Eu trabalhava como gerente contábil numa grande construtora que passou pelo processo da Operação Lava Jato. Então, vivenciei tudo do olho do furacão, atendendo às demandas tanto da esfera judicial quanto dos bancos. Foram quase três anos muito desgastantes.

No final de 2017, decidi procurar novos ares e até pensei em repaginar a carreira, abrindo meu próprio negócio juntamente com minha esposa, embora não tivesse desistido completamente da carreira na área contábil e tributária. Atualizei meu currículo em alguns sites voltados ao mercado de trabalho e, em um deles, surgiu a oportunidade de me inscrever para uma vaga na empresa onde a Lúcia trabalhava.

Fui chamado e fiz duas entrevistas antes de conhecer a Lúcia e o CFO[22] naquela que seria a terceira etapa do processo seletivo. Eles queriam saber principalmente se eu estava motivado o suficiente para sair de uma construtora de grande porte para uma de médio porte.

A opção de mudar de emprego estava bem definida na minha cabeça e eu tentei demonstrar nas entrevistas que queria muito aquela nova chance profissional, que tinha confiança de que a minha contratação seria boa não somente para mim, mas para a empresa também.

Depois da entrevista com a Lúcia e o CFO, o que captei foi o descontentamento deles por conta do meu comportamento comedido demais. Eu realmente sou uma pessoa introspectiva e muito séria. Talvez essa minha postura tenha sobrepujado meu currículo."

---

22 CFO - Chief Financial Officer. Em português: diretor financeiro.

Parte 3 • Cases de carreira • Capítulo 5

Uma mão amiga no meio do caminho

"Entendi desde o primeiro contato com a Lúcia que ela gostou do meu perfil e do meu currículo, e não queria que eu ficasse de fora dessa seleção.

Logo depois da entrevista de recrutamento, a iniciativa dela de me ligar foi crucial. Essa ligação me ajudou, com toda certeza, pois os efeitos da empatia dela dissiparam a dúvida que havia em relação à minha contratação.

A Lúcia me passou algumas orientações quanto ao olhar mais direto para os interlocutores na hora da entrevista, a forma mais clara de falar sobre minhas habilidades e até dicas de postura corporal. Num dado momento, ela comentou comigo para eu demonstrar de fato minha motivação ao buscar esse novo emprego.

Eu não fiquei incomodado de maneira nenhuma com as palavras dela em me deixar claro que, sim, meu currículo era ótimo, mas minha motivação e garra para conseguir aquela vaga tinham deixado a desejar.

No meu entendimento, ela era a especialista na área de gestão de pessoas, de recrutamento, e estava tentando me ajudar, pois acreditava que minha contratação seria boa para a construtora. O recado mais contundente dela foi:

'Olha, depende de você! Seja mais comunicativo, mostre-se um pouco mais profissionalmente, não desvie o olhar no meio da conversa e seja o primeiro a evidenciar com confiança que você é a pessoa certa para a vaga'.

Mesmo com meu jeito tímido, eu abracei todas as orientações da Lúcia. Fiz também uma reflexão íntima, me olhando no espelho mesmo, para entender o que havia acontecido. E não foi muito difícil entender, depois do 'chacoalhão' da Lúcia.

Interesse genuíno pelas pessoas

Acho que pesou o fato de eu ter feito apenas duas entrevistas de admissão em toda minha vida. Na primeira, para entrar num banco, eu era bem jovem e lembro que, se fosse preciso, eu subiria até na mesa para dizer que eu era a pessoa certa para o emprego, que eu queria aquela oportunidade de qualquer jeito! A segunda entrevista foi para ingressar na empresa onde eu atuei por 15 anos: uma organização austera, que fazia com que nós, funcionários, tivéssemos um comportamento de maior distanciamento e de formalidade extrema. Isso, sem dúvida, acabou impactando minhas entrevistas quando fui em busca de um novo emprego.

A Lúcia me instigou a essa reflexão e eu sou muito grato a ela. Meu currículo estava aceito e ela me fez enxergar que eu precisava mesmo era da postura menos sisuda, de ser mais incisivo para agarrar a oportunidade que estava batendo à minha porta. Ela disse:

'Agarre essa oportunidade que você quer tanto com unhas e dentes!'

Estou na empresa há quatro anos, muito motivado e feliz. Assumi inicialmente a área contábil, e depois a área fiscal.

Quando o perfil profissional se adequa ao que a empresa está buscando, acaba dando certo. Eu não tenho dúvida de que a minha opção pela nova organização foi acertada e que abriu novos horizontes em minha carreira. Isso só aconteceu porque tive uma nova chance, dada por uma pessoa com uma perspicácia fora de série para enxergar as qualidades de um profissional, que ela nunca havia visto antes, numa simples entrevista de emprego."

"Eu aprendi com esse episódio que a formalidade te ajuda até determinado ponto, depois você tem que se dar conta de onde está, dar uma rebolada e ir para um lado mais informal, para que as coisas aconteçam!"

Capítulo 6

OXIGÊNIO PARA SUBIR A CORDILHEIRA

Gosto muito da trajetória de autoconhecimento percorrida por Bento Müssnich, que hoje ocupa um cargo executivo na sede de uma empresa desenvolvedora de programas de computador, nos Estados Unidos. Ele me procurou no início de 2021, em minha fase solo de consultoria e *coaching*, porque sentia que sua carreira estava travada e sua vida pessoal também. Foi um trabalho de percepção da integralidade do ser que mudou a carreira do Bento e lhe trouxe paz interior. Ele estudou na Universidade de Berkeley (EUA) e há algum tempo havia respondido ao questionário do FourSight. Como contei para vocês no início deste livro, esse instrumento de análise de perfil propicia o autoconhecimento e desenvolvimento das habilidades importantes no momento de resolver um problema ou encontrar soluções inovadoras. Bem, nós refizemos o FourSight e deu o mesmo resultado sobre o perfil do Bento. Foi quando eu propus a ele trabalhar a inteligência emocional. A princípio, Bento não gostou da minha proposta, pois avaliava que não teria efeito algum. Eu insisti, defendendo que poderia impactar profundamente seu desenvolvimento não apenas no trabalho, mas como pessoa. E já engatei:

"O FourSight tem um *link* com as competências emocionais. Podemos começar fazendo seu mapeamento de habilidades nessa área e, se você não gostar, paramos."

Durante as explicações sobre o resultado desse mapeamento, disse ao Bento que o líder só consegue influenciar pessoas com quem tem um bom relacionamento e que, para isso, ele tem que praticar a empatia. Só que existe um passo anterior a se colocar no lugar do outro: é se colocar no seu próprio lugar, ou seja, se conhecer para compreender como suas reações impactam em seus objetivos e nas pessoas com quem você se relaciona. No processo do mapeamento, disse ao Bento que não adiantaria somente identificar suas fraquezas referentes à inteligência emocional e que daria a ele sugestões (com o material da Adele Lynn, que já citamos nesta obra), para que pudesse desenvolver de forma consistente essas habilidades na prática.

Depois de cerca de um ano e meio, ele conseguiu a mudança profissional que almejava, e nem sabia! O *feedback* dele, vocês vão conhecer agora.

Com a palavra, Bento Müssnich

"Fazer esse coaching me fez compreender que o meu maior desejo é preservar minha paz interior."

"Eu estava à frente de um projeto totalmente novo e empolgante, mas que foi desenhado com poucos recursos, poucos braços e com muitas funções. A missão da pequena equipe que eu comandava era crescer muito em pouco tempo. A área havia sido criada em 2015 e tinha crescido de forma insípida. Eu, que tinha

saído da empresa, retornei com a incumbência de mudar essa situação. E foi o que eu fiz. Depois de dois anos e meio, crescemos 250% e eu fiquei muito feliz com o resultado. Mas as dores do crescimento gigantesco parecem não ter fim. Durante muitos anos, eu trabalhei – e muitos da equipe também – de 12 a 14 horas diariamente. Estava num momento de estafa suprema. Para usar uma imagem, eu costumo dizer que é como se eu tivesse percorrido muitos quilômetros em pouco tempo e esmerilhando o carro. Significa que eu usei todos os recursos que eu tinha para conseguir chegar a esse objetivo. Só que, pessoalmente, eu estava crescendo numa velocidade aquém do que eu e minha equipe estávamos entregando. Foi um período em que havia muita coisa acontecendo ao mesmo tempo e eu estava sendo atropelado, sem ter tempo para parar um pouquinho e pensar na realidade que estava vivendo.

Havia uma desconexão entre o tanto de trabalho em minha vida e minha estagnação profissional. Então, eu pensei: 'O que falta para que eu cresça de maneira sustentada e seja feliz?'"

O primeiro estalo

"Eu tive meu primeiro estalo em busca de respostas para minha insatisfação na carreira em 2019, quando procurei um executivo para uma conversa. Queria que ele me desse algumas dicas e foi muito bom, mas não o suficiente, pois me ajudou somente nos negócios, e eu precisava mais do que isso. Foi nesse momento que o Leandro, filho da Lúcia, que trabalhava comigo, sugeriu que eu conversasse com ela para fazer um coaching. O bom é que eu já estava pronto para ouvir esse convite e pensei: 'Será que não é a hora certa?'.

Estávamos no final de 2020, logo depois que eu entreguei os resultados excelentes de crescimento à minha direção na empresa. Não obstante, o reconhecimento desse esforço de toda a equipe não veio, não resultou em expansão de cargo, de portfólio etc. Então, no início de 2021, eu procurei a Lúcia."

Uma enxurrada de estalos

"Eu cheguei para a Lúcia e disse: 'Acho que minhas habilidades funcionais não estão funcionando! Alguma coisa está errada!'

Eu estava muito focado em entender o negócio, testar novos modelos para abrir novos caminhos, focado na Matemática, no Marketing, enfim, em habilidades técnicas para vender mais e na melhoria do atendimento aos clientes.

No meu primeiro bate-papo com a Lúcia, ela sugeriu um mapeamento de habilidades emocionais. Eu falei: 'Não, não faz sentido'. Mas eu senti muita confiança nela e no jeito que ela propôs essa saída. Então, mesmo que dentro de mim eu pensasse que não era isso, eu disse: 'Vamos lá!'

O resultado do mapeamento veio muito estranho, na minha opinião, mas a Lúcia foi muito hábil em explicá-lo para mim. Ela foi firme ao dizer que havia habilidades emocionais que não conversavam umas com as outras. Esse foi um estalo fundamental para eu compreender que a minha percepção de como eu estava atuando era um pouco embaçada. Ao mesmo tempo, essa conscientização me abriu outra visão sobre como eu estava trabalhando com a minha equipe, meus parceiros e com meus objetivos pessoais. Foi uma excelente mudança de prisma.

Ficou claro que minha percepção pessoal estava muito elevada, mas que meu trabalho com o outro estava em um nível muito bai-

xo. Eu achava que tinha muita habilidade para influenciar minha equipe, a fim de conseguir extrair o melhor dela, mas, na verdade, quando a Lúcia destrinchou o mapeamento, ponderou que as pessoas poderiam não me passar informações importantes e não realizar os trabalhos que eu pedia no tempo exigido porque não aceitavam a forma como eu as tratava. Isso acontecia muito!

Meu nível de estresse era tamanho que, se não fosse essa conexão com a inteligência emocional, eu não conseguiria sair à superfície para respirar e entender a minha realidade.

Exemplo: eu achava que tinha um bom autocontrole, mas estava tendo muito atrito com uma determinada pessoa da equipe – ao mesmo tempo, eu achava que conseguia convencê-la muito bem a seguir minhas ordens. 'Peraí', como vou acreditar que aquela pessoa estava entregando o seu melhor se nós tínhamos muito atrito? Antes, eu não conseguiria colocar essa equação de pé e não poderia resolvê-la, mas com autoconhecimento, eu comecei a rever essa visão distorcida que estava me deixando descontente e amargurado. Eu parei e pensei: 'Talvez minha habilidade técnica de negociar duro com a equipe não esteja levando ninguém a trabalhar feliz à minha volta'.

Conforme o coaching foi caminhando, eu fui aprendendo a olhar com lentes mais potentes as minhas próprias ações. Comecei também a colocar na balança aquele desempenho fabuloso de crescimento no meu setor e meu sentimento de estagnação. Foi um clique muito forte, que eu tive logo nas primeiras conversas com a Lúcia, no entanto, eu ainda estava um pouco cético quanto à necessidade de trabalhar minhas habilidades emocionais. Eu me lembro de cada clique que veio nas semanas seguintes a esse meu questionamento interno. Na verdade, eu fui tocando as coisas sem pensar aonde ia me levar aquele *mapeamento e as provocações da Lúcia. Resultado: os problemas continuaram acontecendo.*

Depois de um mês, veio um clique fundamental – e a minha coach é simplesmente 1 milhão – porque eu comecei a enviar mensagens à Lúcia perguntando se ela tinha meia hora para conversar. Assim, eu ia tirando minhas dúvidas em relação ao resultado do mapeamento e às coisas que estavam acontecendo no dia a dia. Na prática, percebi que não era só mudar o relacionamento com meus subordinados, era muito mais complexo que isso. Envolvia toda a minha grande rede de relacionamentos no trabalho, e essas relações tinham que fluir muito bem.

Num belo dia, eu tinha ido levar meu filho a uma festinha e, durante a viagem de volta, no carro mesmo, me deu um estalo, aí resolvi ligar para a Lúcia. Foi só então que comecei de fato a absorver toda a sabedoria dela na área de inteligência emocional e a puxar aquele fio da meada que clareou definitivamente minha mente sobre a desconexão de várias áreas da minha vida, misturando sucesso com frustração.

A Lúcia identificou uma área principal: eu precisava em primeiríssimo lugar de paz mental para trabalhar minhas habilidades emocionais, e o lugar onde eu trabalhava nunca me daria isso. Significa que eu teria tido inteligência emocional naquele período em que trabalhei lá? Não! O estresse é uma coisa e a falta de autoconhecimento é outra. Mas eu considero que naquele momento veio, aí sim, o estalo definitivo. Decidi que sairia daquela área para ter tempo de progredir na minha inteligência emocional. Durante a sessão de propósitos pessoais, que eu e a Lúcia desenhamos juntos no final da primeira parte do coaching, eu percebi de forma clara que estava indo na direção errada e que cabia a mim mudar de rumo."

De casa nova

"Depois de seis meses, eu conversei com meus superiores e comecei a migrar para outra área dentro da própria empresa. No meio dessa mudança, veio a oportunidade de trabalhar na sede da organização, que fica em San Jose, na Califórnia. Eu avalio que, se eu não tivesse tido esse aprendizado com a Lúcia, essa guinada nunca teria acontecido. A consciência de que eu precisava de paz de espírito para me desenvolver me permitiu falar com a direção de forma assertiva, com toques estratégicos da Lúcia para conduzir o processo. Meus superiores ficaram um pouco incomodados, mas não impediram minha transferência de área nem de local de trabalho.

Sabe como eu entendo tudo isso? Eu estava querendo aprender a nadar num campo de futebol, porém, para nadar, eu precisava de uma piscina e de aulas de natação, ou seja, eu estava buscando respostas para meu descontentamento no lugar errado."

O que quero e o que eu não quero

"Se você me perguntasse se eu sou mais feliz hoje, eu te responderia: infinitamente! Isso porque a autoconsciência me deu condições de revisar minhas próprias premissas. Antes eu chegava no trabalho e só via resultados. Não que eu fosse um trator e em vez de pessoas visse somente degraus. Não era isso, mas eu precisava calibrar a empatia no ambiente competitivo e exigente do trabalho, precisava ter equilíbrio em todos os relacionamentos, contrabalançar habilidades técnicas e emocionais.

Eu continuo ajustando muitas coisas nesse processo de conscientização, mas agora eu tenho oxigênio para continuar subindo a cordilheira e sei muito bem o que eu quero e o que eu não quero para a minha vida.

Parte 3 • Cases de carreira • Capítulo 6

Quero duas coisas: paz mental para seguir meu propósito de desenvolvimento pessoal e meu propósito de ajudar a desenvolver as pessoas à minha volta; e estar consciente para construir apenas coisas que têm valor para mim ao longo da carreira, ou seja, não é só fazer, fazer, fazer, entregar, entregar, entregar."

"O que eu não quero é perder esse timing da autoconsciência e perder esse olhar que me faz ver tudo sem grandes turbulências. E digo que isso é uma grande coisa, pois é muito fácil perder todo esse equilíbrio conquistado em meio à agitação do dia a dia."

CASES DE EMPRESAS

CASE MPD

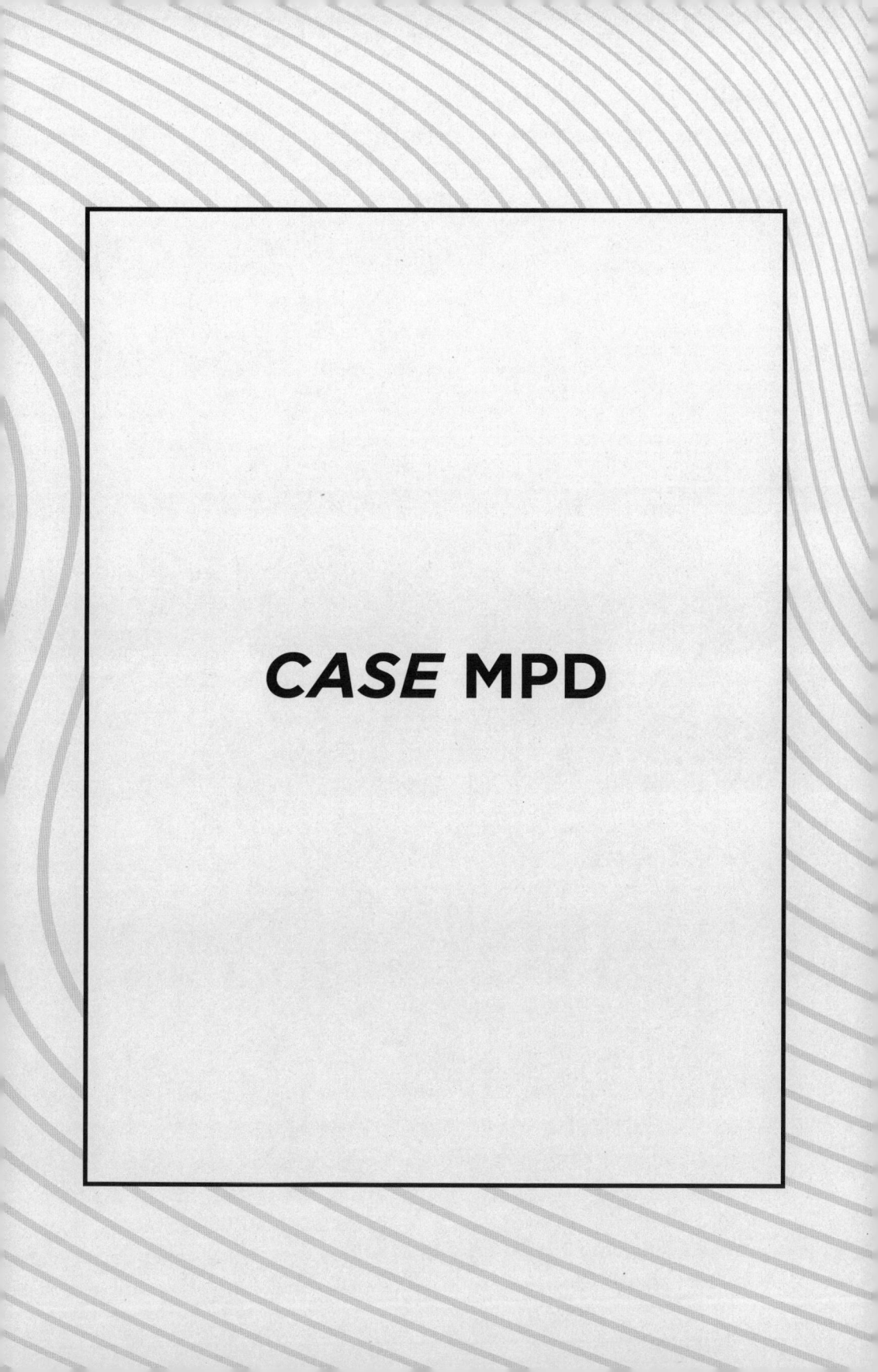

Capítulo 1

O RH TRADUZIDO NOS VALORES E NO RESULTADO FINANCEIRO

Os quase 12 anos que trabalhei como diretora de RH na MPD foram dos mais produtivos e inspiradores de minha carreira. Tive carta branca do fundador da empresa, Mauro Dottori, para implantar e implementar as ações relativas à gente e gestão de uma forma que me impulsionava a criar muitas maneiras de engajar os funcionários e os líderes, com treinamentos de liderança fora da caixa e com livre trânsito entre o escritório e o *"chão de obra"*. Posso dizer que foi um período em que as ideias borbulhavam. Aliás, sempre foi assim em minha vida: quando estou feliz, a imaginação voa alto e consigo pensar em cada detalhe para concretizar o que de novo – e até espetacular – pode ser feito para propiciar o comprometimento dos funcionários ao redor das metas a serem atingidas. Nos momentos em que acontece o *match*, ou seja, uma ação que beneficia tanto a empresa quanto os colaboradores, é que todo mundo fica feliz. Essa é a maior felicidade do gestor de RH também!

E como essa minha história na MPD começou?

Vou começar lá do comecinho. Quando eu e meu marido voltamos da Suíça para o Brasil, nasceu nosso primeiro filho. Morávamos em um apartamento em São Paulo

Parte 3 • Case MPD • Capítulo 1

e estávamos pensando em nos mudar para uma casa. Foi quando nossa vizinha de porta veio se despedir de nós porque ia se mudar para Alphaville, pois tinha comprado um terreno e construído uma casa. Comentamos com ela que também estávamos querendo comprar ou construir uma casa e ela rasgou elogios ao engenheiro que tinha construído a casa dela, dizendo que nos indicaria com muita satisfação. Era o Mauro Dottori!

Meu marido agendou uma reunião com o Mauro e foi fácil confiar nele, aceitar sua proposta e contratá-lo. Ele nos indicou a arquiteta Kei Takaoka, sobrinha de um dos criadores de Alphaville, Yojiro Takaoka, para fazer o projeto; aliás, um projeto totalmente arrojado para a época, com uma árvore que ficava no meio da sala e coisas assim. Foi dessa maneira que começou minha história com a MPD, em 1988. Minha casa ficou pronta depois de 11 meses, em 1989, e ficou perfeita! Não era para menos, pois tinha grife: *by* Mauro Dottori, que se tornaria um empresário de sucesso, com sua construtora entre as cinco maiores do país. O jovem engenheiro já sinalizava sua postura irrepreensível nos negócios, entregando a obra no prazo, ou até antes, e com muita qualidade.

Pelo relacionamento com o Mauro, toda vez que havia o lançamento de um empreendimento da MPD, ele nos convidava para conhecer e, assim, nós nos víamos de vez em quando. Foi justamente em um desses lançamentos, em 2007, que ele falou:

"Poxa, Lúcia, você trabalha como consultora de RH, e eu estou precisando de uma consultoria, vamos conversar?"

Fui à MPD para conversar sobre o assunto e saí de lá como consultora para implantar o departamento de Recursos Humanos e ajudar a estruturar todas as áreas da empresa que dariam o suporte ao seu crescimento sustentável. Nessa época, eu já trabalhava em carreira solo como consultora. A Johnson & Johnson e a Ticket eram algumas das minhas clientes. Porém, eu mal comecei minha jornada fazendo consultoria na MPD, quando o Mauro Dottori percebeu que tinha muito trabalho pela frente e pediu, então, que eu ficasse fixa na empresa. Era a época em que a construtora cogitou, só cogitou, abrir IPO (Oferta Pública Inicial), e precisava estar toda estruturada. Então, eu disse a ele que tinha alguns projetos de consultoria em andamento e que não teria disponibilidade para trabalhar *"full time"* na MPD, pois não poderia deixar os projetos no meio da implementação; além do mais, tinha que viajar com frequência para São José dos Campos, interior de São Paulo, para realizar treinamentos na unidade da J&J de lá. O Mauro contornou e disse:

"Não tem problema! Pode ficar aqui na MPD e, quando você precisar sair para tocar os projetos, você sai".

A parceria foi ótima para mim e para empresa. Só que o trabalho na MPD começou realmente a tomar volume e eu mesma disse ao Mauro que, terminando aqueles projetos em andamento, eu não renovaria os contratos, a fim de ficar somente na MPD. Ele me deu liberdade de agenda para terminar meus projetos e deu tudo certo!

Acabei deixando as consultorias e ficando *"full time"* na MPD.

Eu lembro que o Mauro disse:

"Quando eu te contratei, eu não tinha muita ideia do que o RH poderia fazer pela minha empresa; agora eu sei que diferença faz! A MPD nunca mais vai poder ficar sem um RH forte".

Na MPD, eu implantei e estruturei o RH, implantei benefícios, plano de carreira, cargos e salários, organizei e participei da contratação das pessoas para as várias áreas, além de fazer o treinamento do pessoal. Em 2013, tenho a alegria de dizer que comecei a colocar a MPD entre as 150 Melhores Empresas para Trabalhar (*ranking* que na época era feito em parceria entre a FIA e a revista

Você S/A), e foi assim por seis anos consecutivos durante minha gestão, como também no *ranking* das Melhores em Gestão de Pessoas do Valor Econômico. A MPD figurou nessa lista estrelada entre organizações de todos os tamanhos e faturamentos.

Logo que cheguei à construtora, a urgência era definir uma forma de contratar pessoas, pois a empresa estava crescendo.

Uma das primeiras missões que o Dottori me deu foi fazer um processo seletivo para contratar um gerente financeiro. Ele tinha uma área financeira, uma área contábil, mas sabia que precisaria trazer profissionais do mercado naquele momento. A estruturação dessa área era fundamental para que a empresa crescesse de forma sólida e controlada. Que responsabilidade contratar o profissional que cuidaria das finanças da empresa!

Paralelo a isso, eu tinha muita insatisfação por não haver benefícios aos funcionários, como o plano médico: uma parte dos funcionários tinha plano de saúde, mas com uma gestão muito complicada. Os colaboradores que não tinham essa assistência e que ficavam doentes iam pedir ao Mauro para ajudá-los. Então, eu falei para ele: *"Vamos implantar um plano de saúde para dar tranquilidade a todo mundo"*. E ele concordou na hora.

A estratégia para esse trabalho amplo de recursos humanos exigia ações concomitantes, ou seja, tudo acontecia – e tinha que acontecer – ao mesmo tempo. Imaginem, estávamos implantando plano médico, descrevendo os cargos, desenhando a estrutura da empresa – quem responderia a quem – e determinando o salário de cada profissional, que teria que ser impreterivelmente de acordo com o valor de mercado. Para tanto, era necessário montar a estrutura do organograma, definir as atividades de cada um e realizar uma pesquisa salarial para nos guiar nas contratações.

A MPD dispunha de um Departamento Pessoal que fazia a parte de contratação, demissão e pagava os tributos legais. A estrutura era muito arcaica e, quando eu entrei, procurei mudar a cultura dessa área. Havia, então, mais um trabalho paralelo a realizar.

Eu diria que minha principal missão no RH da MPD foi trazer pessoas do mercado, que atendessem à empresa em termos de conhecimentos técnicos, mas que também se adequassem à cultura que estávamos tentando consolidar, uma cultura que já estava na essência do Mauro. Ele dizia:

"A gente precisa crescer, mas o respeito às pessoas é muito importante, precisamos ter líderes que compartilhem dessa visão, que tenham humildade; o bom relacionamento com as pessoas é fundamental em todas as áreas".

Por essas e outras que eu disse um dia para o Mauro que ele era um líder de referência para mim, pois tinha a visão que todo líder deve ter.

Como eu compartilho dos mesmos valores que promovem a valorização humana, disse a ele que uma das minhas principais missões seria disseminar todos esses valores, de forma organizada, aos colaboradores, sendo peça-chave o treinamento de líderes.

Dessa forma, o treinamento dos profissionais aconteceu juntamente com todo esse processo de implantação de uma nova estrutura organizacional.

Se vocês me perguntarem como consegui fazer tudo isso estando sozinha até então, eu não saberia explicar com detalhes. Mas o trabalho foi avançando e dando resultados. Conseguimos, num período relativamente curto, dar uma estrutura mínima à construtora para alcançar um crescimento consistente.

Nesse processo todo, comecei a contratar pessoas para me ajudar no RH, que sempre respondeu diretamente ao presidente da empresa, Mauro Dottori.

Parte 3 • Case MPD • Capítulo 1

O inusitado

Nossa primeira tentativa de entrar no *ranking* das 150 Melhores Empresas para Trabalhar não teve êxito.

Aconteceu em 2012. Na primeira fase das preliminares para concorrer ao prêmio, que dizia respeito à nota dos colaboradores, nós fomos bem. Eles responderam a um questionário e essas respostas iam diretamente para os pesquisadores de forma sigilosa, portanto, sem nenhum acesso da MPD. Como a empresa conseguiu nota acima de 7 na primeira fase, passou para a segunda, que consistia em receber a visita do jornalista da revista Você S/A. Quem veio nos visitar foi a editora-chefe da publicação, Daniela Diniz. Posso dizer que ela estava impressionada conosco, já que era nossa primeira tentativa de participação no *ranking* e havíamos conseguido uma nota alta. Ela comentou que a empresa que participa pela primeira vez e consegue entrar na lista das 150 melhores recebia uma homenagem especial.

Mas infelizmente nessa primeira tentativa não conseguimos entrar no *ranking*. Foi um balde de água fria.

O baque durou dois dias para mim. Em 2013, nós concorremos novamente e a MPD começou a trajetória de ser premiada nessa categoria todos os anos até hoje.

O importante é dizer que a filosofia de gente e gestão da MPD, sob o olhar atento do fundador da empresa, deu muito certo, tanto nos resultados financeiros quanto no engajamento das pessoas.

Mauro Dottori me deu a honra de participar deste livro e trazer suas percepções sobre a importância do RH na empresa que fundou há 40 anos.

Capítulo 2

COM A PALAVRA, MAURO DOTTORI

"Os prêmios que ganhamos por causa da gestão de pessoas sempre me marcaram mais. Quando a Lúcia veio para a MPD, como ela é uma pessoa muito jeitosa, começou a me mostrar a diferença entre Departamento Pessoal e RH, sem me falar diretamente isso. Não precisava. Ela me mostrava por atos concretos. Eu ia provocando, e ela ia me provocando, sendo que isso foi um jogo de ganha-ganha sem precedentes."

"Eu decidi criar a área de RH na MPD pela evolução natural do processo de crescimento da empresa. A MPD nasceu como uma empresa 'monodono, monotudo!' Só era eu mesmo. Depois veio uma secretária e, um tempo depois, comecei a pegar mais obras. Explico: não era somente a minha empresa que tocava os projetos, eram três empresas juntas: a do Fabio Albuquerque e Fernando Albuquerque, a do Marcelo Takaoka e a minha. Foi assim que nós nascemos. Desde o início tinha um Departamento Pessoal que era comandado pelo Chicão, da Albuquerque, Takaoka, e ele não era só a pessoa que comandava o DP, era um conselheiro, um amigo. O Chicão nos ajudou a estruturar as empresas nessa parceria. Num dado momento, cada construtora foi tomando seu rumo e a MPD começou seu *voo solo. Obviamente, uma empresa não pode ficar sem pelo menos o que a gente chama de Departamento Pessoal, que é básico para tocar toda a parte legal que diz respeito aos funcionários. Isso você tem que ter e é uma área que tem relação direta com as pessoas, portanto, demanda bastante cuidado e atenção.*

Eu e o Milton Meyer, meu sócio desde 1992, olhávamos o RH como se fosse um DP. Nós queríamos crescer, mas não tínhamos noção de quais seriam as necessidades de uma empresa maior. Muitas vezes, eu não entendia o que o RH fazia e isso foi indo até que chegou a um ponto em que as necessidades começaram a se mostrar. Começamos a enxergar que pequenas ações nossas causavam insatisfação no pessoal, que tínhamos que contratar melhor e que o Departamento Pessoal não conseguia jamais fazer isso. Foi aí que eu pensei em chamar a Lúcia.

Foi um passo do qual nunca me arrependo. E foi uma feliz coincidência com a fase da carreira da Lúcia, que tinha voltado à sua vida profissional como consultora. Eu já gostava muito da Lúcia, na verdade, do casal, desde que construí a casa deles. Foi uma época difícil, em que não havia muita mão de obra, um roubava do outro e o custo da construção era muito elevado. E ela dizia:

'Mauro, o que você fizer está bem-feito.'

Ela me dava muita força, porque a Lúcia sabia reconhecer e valorizar as pessoas. Assim, juntou a fome com a vontade de comer! Ela era a profissional que poderia me ajudar naquele momento!

A grande dor de qualquer empresa é não contratar bem. Mas, na realidade, contratar bem é o último ato, pois há uma série de ações que levam você a contratar bem. É como o lucro da empresa: para que a empresa dê lucro, precisa de muitas etapas, e depois, aparece lá na última linha se a empresa deu lucro ou não. É a mesma coisa na administração das pessoas, são muitos os passos até se chegar aonde se quer.

Com a palavra, Mauro Dottori

Minha formação, não só familiar como empresarial – com meus mentores Yojiro Takaoka e Arthur Castilho –, sempre foi voltada às pessoas; portanto, eu já tinha impressa a marca de saber a importância do relacionamento e do olhar atento ao outro. O Takaoka me ensinou a ser humilde também, a tratar igual o alto e o baixo escalões, a importância de um cafezinho e de um bom-dia olhando nos olhos das pessoas. Ele dizia que essas atitudes abrem mais portas do que a gente pode imaginar. Então, a maneira atenciosa e gentil de tratar as pessoas aqui dentro da empresa sempre foi importante. Se você perguntar a um funcionário que passa no corredor: 'Tudo bem? Como vai a família?'. Isso faz toda a diferença, porque essa pessoa vai se sentir bem em trabalhar na empresa e, feliz, vai te ajudar a atingir seus objetivos.

Digo isso para mostrar que nós já valorizávamos a gestão de pessoas intuitivamente, já estava no nosso DNA. Só que, sem a orientação de uma pessoa como a Lúcia, não conseguiríamos organizar, criar processos e avançar nessa área. Ela, portanto, teve um papel fundamental na transformação da MPD: nós passamos de uma empresa pequena média para uma empresa média grande, que nós somos hoje, graças à Lúcia. Em vista disso, tem tanta história para contar desse relacionamento de amizade e trabalho, tanta coisa que passamos juntos, que seria difícil me lembrar de tudo!

A Lúcia entrou na MPD justamente quando nós pusemos no papel nossos valores. Foi em 2007. Olha só como aconteceu – como nós sofremos e como, do limão, nós fizemos uma limonada. Naquela época, eu queria fazer a remuneração variável, mas não tinha quem estruturasse um bônus no fim do ano. Sem um critério e de forma organizada, ou seja, sem o planejamento estratégico, seria impossível tomar um passo como esse.

Concomitantemente à entrada da Lúcia, eu contratei uma consultoria que nos apresentou as ferramentas para fazermos um planejamento estratégico com base no FOFA – Forças, Oportunidades, Fraquezas e Ameaças – e numa série de outras ferramentas. Eles nos mostraram que só se pode fazer remuneração variável tendo metas, senão, não teria nenhum sentido. Mirei numa coisa e acertei outra melhor ainda, pois esta empresa nos provocou para identificarmos nossos valores, nossa visão e nossa missão. Foi importantíssimo fazermos essa ação naquele momento e identificarmos valores fortes na MPD capazes de transformar experiências ruins em boas experiências, em outras palavras, capazes de fazer do limão, a limonada, enxergando a crise como oportunidade.

Passou um tempo, e nós tivemos dois acidentes graves num shopping de São Paulo. Eu me lembro até hoje que não conseguia nem dormir. Foi horroroso! E a Lúcia passou esse período difícil junto conosco, de uma forma marcante. Sofremos demais, porque a imagem da empresa estava em jogo, mas assumimos nossa responsabilidade e nos recuperamos. Até resolvermos a situação, a Lúcia deu todo o apoio. Nós estávamos num baixo astral sem tamanho e ela nos ajudou, e digo, a mim pessoalmente também, não só como psicóloga, mas com sua expertise no RH.

Primeiro o apoio psicológico: ela pediu serenidade, calma, disse: 'Nós estamos juntos e a empresa tem que ficar unida, porque isso vai passar'. Depois, olhando para frente e pensando em formas de reagir, mudamos muita coisa e criamos o comitê de crise. Foi a Lúcia que fez isso tudo à frente do RH, e esse comitê funciona até hoje. Mas não foi só isso. Muitas outras transformações aconteceram ao longo do tempo."

A Lúcia mudou a cara da empresa

"Nós tocávamos apenas uma obra por vez, mas com nosso crescimento, chegou uma época em que tínhamos dez obras simul-

tâneas. Então, começamos a ter problemas na entrega. E nosso maior slogan sempre foi: entrega 100% no prazo! Foi quando a Lúcia veio com o Padrão de Excelência Disney na entrega do produto. Foi uma tacada de mestre! Até hoje a gente leva esse ensinamento a todas as obras.

A empresa entrega em dia e entrega bem, porque nos preocupamos com a percepção do cliente, em como encantá-lo, usando a metodologia Disney de fazer todo o processo de entrega. Claro que tem que ser um momento especial para o cliente, pois entregamos um bem muito importante para aquela família que comprou nosso produto e esperou por ele como por um sonho a realizar. Não se trata apenas de fazer bonitinho, não. Aprendemos a seguir uma metodologia e a fazer as entregas de forma sistematizada.

A Lúcia mudou a cara da empresa. Claro, tem a cara do dono que pensa igual, que concorda com todas as boas práticas, sim, mas o dono não faz nada sozinho se não tiver alguém que o ajude a enxergar o que precisa ser sistematizado e se tornar parte integrante das boas práticas. Trocando em miúdos, sem a Lúcia, eu não teria feito. Ela me apresentava ideias fantásticas e eu apoiava. Ela deixou marcas na MPD, criou mentalidade, criou a cultura que beneficia a empresa até hoje. Todo o pacote que a Lúcia trouxe diferencia a MPD entre a multidão, não tenho dúvida nenhuma sobre isso, pois ela mostrou como a ciência em que ela é muito bem-preparada se diferenciava de um simples DP."

Todas as faces do RH

"A Lúcia me mostrou todas as faces do RH e hoje não tem como não dizer que o RH é estratégico. Sem um RH forte, a organização não cresce nem é capaz de se manter. Veja em quantas frentes a área de Recursos Humanos atua: no aperfeiçoamento de processos, no *feedback, nas avaliações periódicas ou para premiações, na formação de lideranças, na manutenção dos talentos.*

Não tem como não entender que uma pessoa não dá o seu melhor na empresa apenas pelo salário. Se for só por isso, é melhor que ela saia, porque os bancos pagam muito mais! Essa maturidade é imprescindível para a empresa. E tudo isso vem do RH. Se eu sempre disse que uma empresa não cresce sem gente, e que gente é o mais importante, então, como o RH não seria importante?

À frente do RH, a Lúcia começou a estruturar os valores, mostrou quais eram os benefícios acoplados ao meio empresarial, a apresentar os instrumentos de RH, como o FourSight, textos de Harvard, tudo para expor como acontece e quais são as fases de uma mudança na gestão de pessoas. E ela nos trouxe uma ferramenta importantíssima: os gráficos de desempenho. Ah, quando eu vi a importância de tudo isso, capturei muito rápido e fui em frente! A Lúcia, que já era uma amiga, estava me mostrando algo que iria contribuir para a mudança de patamar da empresa. Eu sempre entendi a psicologia do trabalho como ciência, a segunda coisa que eu entendi é que há ferramentas que traduzem o que é importante para o crescimento da empresa e te ajudam a tomar as decisões e partir para a ação. Não à toa, o RH se tornou parte totalmente integrante da nossa cultura.

Depois da saída da Lúcia, os pilares da área aqui na MPD continuam os mesmos, focados na liderança e na avaliação; tudo continua, só que de outra forma. Com a Lúcia, era mais humano, agora, é mais corporativo. A turma até sente um pouco aqui no dia a dia e pede algumas mudanças, ao que eu respondo: 'Vamos humanizar mais um pouco, então!'.

A Lúcia sempre dizia: 'Não tire o RH do teu guarda-chuva'. Aqui na MPD, nós temos comitês que recomendam ao Conselho as ações que devemos tomar nos setores considerados estratégicos. O RH é um deles. Embora no ordenamento, organização e nas ações cotidianas a área não esteja sob a minha égide – nem tem que estar –, a parte estratégica, ou seja, tudo o que a gente vai fazer nessa área, tem que passar por mim, que sou o presidente do Conselho. Estou sempre presente na MPD e não vou deixar de estar, principalmente nas questões importantes para a manutenção da empresa, e o RH foi definido na Governança como uma das áreas mais importantes.

Então, no fundo, eu acabei trazendo as decisões de RH para mim novamente. Acabei fazendo o que a Lúcia me pediu. Vou te falar: é importante demais o RH!"

Os prêmios: Ôoo, peão!!!

"De tal maneira são as ações de RH, que vão mostrando como nós tínhamos que nos moldar em relação aos nossos valores. E, assim, começaram a entrar os prêmios.

Quanto aos prêmios, eu primeiramente não queria, mas a Lúcia me convenceu.

Ela falou com o entusiasmo de sempre:

'Vamos nos inscrever!'

Eu falei: 'Lúcia, não faço questão nenhuma.'

Ela insistiu, até que eu concordei.

Eu estava errado mesmo em não querer participar, porque o prêmio dá orgulho, e não só para mim, mas para todo o time. Você tem que ter cuidado com a sua modéstia, como com tudo que você deixa passar do ponto, porque você pode perder o entusiasmo e a chance de incentivar sua equipe.

E o que me mostraram os prêmios? Bom, primeiro, deu para ver que a turma curtiu demais. Segundo: o reconhecimento com os prêmios se mostrou um grande instrumento para captar talentos. A pessoa pensa: 'Se a empresa ganha sete vezes como uma das melhores para se trabalhar, alguma coisa boa ela deu aos seus funcionários'. E, terceiro, só tinha craque fazendo a avaliação e a metodologia: nada menos que o pessoal da FIA, ligada à Faculdade de Economia e Administração da USP. Imagine só, eu, que sempre fui fã da academia, enxerguei naquela expertise toda para avaliar as várias áreas da empresa um instrumento valiosíssimo.

O prêmio é teu lucro, mas o que você faz para chegar lá? Como você mede? Pois bem, eles tinham a resposta. Eles avaliam liderança, valor da marca, colaboração entre os funcionários, a trilha de carreira, remuneração, clima organizacional... Com tudo isso, podemos enxergar onde nós estamos bem e onde precisamos atuar. Quando vi essa oportunidade, eu disse: 'Ôoo, peão! Quero todo ano!'. Acabei comprando da FIA a avaliação geral da empresa anualmente.

Antes eu achava que os prêmios eram para inglês ver. Mas não!

O primeiro Prêmio Master que ganhamos, com o Resort Tamboré, me marcou muito, sem dúvida. Agora, os prêmios que ganhamos por causa da gestão de pessoas sempre me marcaram mais. E quem dá a nota, nesse caso, é o pessoal mesmo, e isso é maravilhoso. O primeiro prêmio das 150 Melhores Empresas para Trabalhar nos motivou demais!

Os prêmios do SECONCI (Serviço Social da Construção), referentes à segurança do trabalho, também me deram uma alegria enorme, porque tem a ver diretamente com a segurança que a empresa dá para a vida do funcionário. Quero ganhar esse prêmio sempre! Não é uma premiação do RH de forma direta, mas o gerente de segurança sempre trabalhava em conjunto com a área.

E tem mais. Ganhamos o Prêmio Master Imobiliário na categoria Gestão de Recursos Humanos, que veio com base nas boas práticas irrefutáveis do nosso RH.

Lembro também que a Lúcia ganhou um prêmio no Reino Unido como uma das melhores gestoras de RH, por causa dos treinamentos inusitados que fazia. Ela me deu o troféu e disse: 'O prêmio é da MPD e deve ficar aqui'.

De fato, eu vi que as premiações dão orgulho na gente e motivam o time. Os prêmios são importantes para mostrar para terceiros, mas, internamente, eles são muito importantes também. O pessoal faz de tudo para ganhar, para dar o seu melhor."

RH honorária

"A Lúcia tem um grau de ética intocável. Isso é muito legal. Temos pessoas aqui na empresa que acabaram não se enquadrando nas mudanças estruturais que fizemos. Por mais que a gente tente não mandar embora, acontece. Então, a Lúcia tem um monte de filhotes na MPD. Ela, muitas vezes, pergunta:

'Posso aproveitar essa pessoa?'

Eu digo sim, se vai fazer bem para ela... Tanto que a Lúcia brinca dizendo que é RH honorária da MPD. As outras empresas, quando viram nosso RH de excelência, começaram a chamar a Lúcia para fazer consultoria. Várias quiseram contratar a Lúcia, como a Helbor, nossa sócia, que viu de perto a evolução que as ações de RH proporcionaram aqui."

Inspiração para criar o Instituto MPD

"Nós decidimos fazer o instituto por causa das ações sociais implementadas pela Lúcia na MPD. Ações na área da Educação, *por exemplo, como alfabetização nos canteiros de obras, escolas de ensino fundamental, em parceria com a Associação Santa Terezinha, e ações de incentivo ao voluntariado interno. Ela movimentava todo mundo para ajudar em todas as causas abraçadas pela empresa.*

O que o instituto fez? Estruturou e organizou todas essas ações em prol das comunidades onde atuamos, estabeleceu objetivos e disciplinou nossa atuação social.

Todo fim de ano, eu pergunto no início do meu discurso: o que é importante na empresa?

Todo mundo responde: gente!

Eu digo: aprenderam!"

"O que faz uma empresa é gente. Pode ter o capital financeiro e o equipamento mais tecnológico que quiser, mas sem gente, a empresa não faz nada."

Capítulo 3

COM A PALAVRA, MAURO SANTI

"De vez em quando se ouvia: a Lúcia pensa que dinheiro dá em árvore?"

Mauro Santi é um grande amigo que conheci na MPD e que tenho a honra de trazer para passar suas percepções sobre a contribuição do RH para a empresa. Ele era o diretor da área de incorporações e saiu em 2018, em busca de qualidade de vida, embora ainda continue como sócio da empresa de Dottori. Hoje, Santi trabalha em uma construtora nova, a Tebas, a poucos metros de sua casa. Vamos ouvi-lo.

"Quando eu passei a integrar o quadro da MPD, em 1998, a construtora tinha 16 anos e era pequena. Não havia RH, só o Departamento Pessoal. À medida que foi crescendo, passou a ter uma incorporação própria, depois duas, e no mesmo período, a construtora aumentou a prestação de serviço para o mercado. Nesse momento, começamos a sentir falta de departamentos estruturados. Afinal, tínhamos um quadro de pessoal preparado para um tamanho de empresa que, agora, tinha se expandido. Logo que ingressei na empresa, começamos a formatar o que seria a incorporadora, pois só havia a construtora. Como eu já

tinha experiências anteriores com um universo que não era exclusivamente de engenharia, conversei com o Dottori e o Milton e disse: 'Nós precisamos de uma pessoa para cuidar do pessoal, não de forma tão caseira – para dizer o mínimo –, porque está aumentando muito o número de funcionários'. Assim, acabei participando ativamente da formação da administração da MPD. Eu lembro que houve uma resistência do pessoal que já estava lá.

Foi logo em seguida que o Mauro Dottori falou com a Lúcia. Ela começou fazendo uma simples consultoria, foi indo, foi indo e, como sempre, como a Lúcia trabalha, trabalha e mostra resultados, onde ela entra, a turma quer que ela fique, já que tem uma atuação excelente na parte nevrálgica de qualquer empresa: a gestão de pessoas.

O Mauro Dottori, o Milton Meyer e eu somos engenheiros civis, mas eu, por conta das aventuras em que me meti na área de incorporações, acabei fazendo pós-graduação lato sensu em Marketing, na ESPM. Achei melhor dar esse passo, pois eu tinha que lidar com as agências de publicidade, onde são todos doidos (rs). Isso me ajudou um pouco a conciliar o pensamento de engenheiro com o pensamento empresarial de mercado e outras coisas mais, me dando um pouco mais de jogo de cintura. Nesse sentido, tive que enfrentar um pouco a rigidez do Dottori e do Milton, engenheiros por excelência!

Quando a Lúcia entrou para fazer parte do grupo, ela começou a amolecer esse processo, digamos; ela passou a mostrar para nós o lado dos funcionários, que não existia, só sobressaia o lado empresarial. E como a Lúcia faz isso com bastante afinco, consegue o que almeja: ela joga a favor das pessoas, e aí, as pessoas invariavelmente jogam a favor da organização. Nesse processo, nós tivemos um grande aprendizado. E a Lúcia sempre era elogiada, mas também criticada...

'Ela pensa que dinheiro dá em árvore?'

Esse era um comentário nosso, lá. E tem mais:

'Tem que segurar a Lúcia!'

Eram coisas assim.

Mas, com o tempo, quando nós passamos a entender o que a Lúcia estava fazendo, foi espetacular!

Como engenheiros e empresários, nós sempre fomos extremamente competitivos e imaginávamos que os funcionários também deveriam ser. Mas não é bem assim. Eu diria que cerca de 95% das pessoas – hoje que entendo esse processo – não agem com espírito de competição. Elas agem com espírito de colaboração. Digo isso porque nós esperávamos que o pessoal reagisse, fosse proativo e viesse atrás pedindo aumento, mas, na verdade, eles não faziam isso porque não queriam se indispor com a chefia. Então, a Lúcia nos ajudou a enxergar esse lado, nos mostrou a necessidade de formatar cargos e salários para que as pessoas pudessem ter uma ascensão dentro da empresa, para evitar um pouco o protecionismo. Até então, as pessoas que nós mais gostávamos eram protegidas, depois da Lúcia, começamos a tratar as pessoas de forma mais profissionalizada. E isso não era um assunto simples lá dentro, por causa dos costumes já enraizados, e de uma forma ou de outra, existiam essas proteções individuais. Um certo 'endeusamento' de uns em detrimento de outros. Dessa forma, aquele que não fazia propaganda própria ia ficando de lado.

O processo de RH que a Lúcia implantou na MPD foi inspirado na experiência dela na J&J, uma empresa com faturamento praticamente garantido, então, essa história de combate ao protecionismo dos funcionários era muito rígida.

Aliás, a Lúcia nos levou para visitar a J&J e eu me lembro que tinha até uma salinha para o pessoal dormir lá dentro. Você abria a salinha e... um silêncio..., e o pessoal estava dormindo porque precisava recuperar as horas de estresse. Imagine o choque de culturas!

De certa forma, eu já compreendia um pouquinho melhor aquele mundo que a Lúcia estava nos mostrando, por ter feito Marketing e pelo menos 13 cursos de Vendas. Na MPD, tudo que não era obra era comigo: eu me tornei engenheiro, vendedor, financeiro, jurídico, contábil, tudo o que você imagina, pois eu tinha que entender e tratar de todos os assuntos referentes à incorporação. O Milton cuidava das obras e o Dottori tinha o papel do empresário. Nós éramos sócios-executivos.

Mas nós todos fomos evoluindo nesse processo, enquanto a Lúcia ia nos apresentando um mundo diferente, um mundo em que você administra uma empresa, tem lucro e pode dividi-lo com as pessoas. Então, com a ajuda dela e de empresas que foram contratadas, foi criado um salário variável, o famoso bônus. Eu sempre fui muito reticente nesses aspectos, pois nunca achei certo que as pessoas vivessem em função daquele bônus, ele teria que ser a cereja do bolo para fechar o ano, não a razão do trabalho. E para dar bônus, você tem que estabelecer metas. Se durante o ano você percebe que as metas serão cumpridas, ah, beleza, as coisas correm que é uma maravilha. Mas se algum setor não vai bem e você não atinge as metas, as pessoas podem desanimar.

Nesse caminho, o aspecto financeiro de medição de resultados era relativamente simples para nós, engenheiros, mas como medir o comportamento das pessoas se é muito difícil ter métricas numéricas para isso? Aqui entra a mão do RH. A Lúcia foi extremamente importante para mostrar que os chefes poderiam fazer uma medição comportamental dos funcionários. Então, fomos evoluindo em todo esse processo e criamos um sistema de distribuição de bônus formado por metas financeiras e metas comportamentais, que chegava a distribuir de 1 a 2,5 salários. Deu muito certo!"

Com a palavra, Mauro Santi

Entendendo a cabeça do funcionário

"Como expliquei, sabíamos que o bônus tinha que ser um complemento e não um motivo para trabalhar bem. Afinal, dinheiro a mais não compra engajamento. Bom, até pode comprar, mas por um tempo apenas e isso não cria cultura. A pessoa pensa: 'Bom, vou ficar aqui uns dois ou três anos até meu caixa ficar bom, aí eu caio fora e vou trabalhar num lugar mais tranquilo'. Começamos a entender a cabeça do funcionário quando a Lúcia nos ensinou que ninguém trabalha de graça, trabalha por dinheiro: precisa colocar comida na mesa e cuidar da vida pessoal, mas só o dinheiro não compra aquela vontade de trabalhar, de dar o seu melhor e agregar ao grupo. A maior parte das pessoas não está interessada em participar todo dia de uma guerra para ganhar mais, não há esse espírito mercenário. O que compra engajamento é você ter uma atitude honesta em relação às pessoas, em outras palavras: os gestores têm que falar e fazer o que dizem. Quanto mais honesta a relação entre empresa e funcionários, mais se colhe engajamento.

Outro fator fundamental é ser hábil para distribuir justiça. Eu pessoalmente acho isso. Você não deve beneficiar um em detrimento de outros. É lógico que haverá uma meritocracia e as pessoas mais capazes vão subir. Isso é fato e contribui para a competitividade de uma organização, mas você tem que olhar atentamente como está a percepção dos funcionários e tem que envidar esforços para permitir que as pessoas tenham um ganho equilibrado e um tratamento justo.

Como, de certa forma, eu representava a administração na MPD, eu fazia esse meio de campo e me relacionava mais com as pessoas. Aprendi muito com isso. Posso dizer que os colaboradores também querem sentir orgulho de trabalhar numa organização e querem poder falar bem da empresa onde trabalham em seus meios de convivência social. Traz felicidade a eles poder dizer que a empresa é boa, honesta com os clientes, que respeita contratos, que tem atitudes voltadas ao meio ambiente, em suma, que não pratica atos lesivos para ganhar dinheiro e se preocupa com vários outros aspectos além do lucro. Todo esse conjunto faz com que as pessoas se doem muito mais ao trabalho do que se só estivessem lá para receber seu salário. Ganhar dinheiro é essencial para a sobrevivência da organização, mas todos os atos dos empresários têm que visar algo mais do que só ganhar dinheiro. Por outro lado, além de ganhar o salário para sobreviver, os funcionários desejam trabalhar por um propósito maior.

São as pessoas que fazem a organização e a Lúcia complementou com o RH todo nosso processo de gestão de pessoas. Esse toque especial importantíssimo nos permitiu avançar bastante e subir de patamar. Ao longo dos anos, foram agregadas várias pessoas e cada uma deu seu toque, sua colaboração, mas eu não tenho dúvida de que a Lúcia foi uma pessoa extremamente importante para todo o processo de gestão de pessoas da MPD."

Equilíbrio

"Há que se ter um crivo antes de implementar qualquer ação, porque demanda dinheiro. Não adianta termos um RH excelente, com pessoas felizes, se a organização não tiver resultados positivos no final do ano. Tudo tem que ser muito bem avaliado.

Antes da Lúcia, eu diria que a balança empresa-funcionário era desequilibrada para o lado da organização, situação que no fim das contas acabava se virando contra a empresa. Ela veio dar esse equilíbrio, uma hora pode pender um pouco para cá, outra, para lá.

Como diretora de RH, ela fez uma ação muito importante que foi conscientizar os funcionários sobre gastos desnecessários com o plano de saúde, atitude que ia acabar onerando a empresa e o próprio funcionário. A Lúcia gerenciou os benefícios de forma admirável, pois sabia como fazer a conscientização com maestria, mostrando essa via de mão dupla, ou seja, se a empresa perde, o funcionário também perde.

O RH implantado pela Lúcia fez muita diferença. Nunca foi difícil o relacionamento com ela, porque conseguia contornar as situações e levar o processo sempre para o bem da organização como um todo. Assim, o retorno positivo do RH foi sempre visível, sem sombra de dúvida."

Relacionamento honesto

"A Lúcia sempre prezou pela honestidade nos relacionamentos, acho que foi por isso que nos demos bem logo de início. Estou agora em Jundiaí (SP), gerando novos negócios, e nós vamos passar muito em breve por um processo de crescimento. Naturalmente, vou precisar dos serviços da Lúcia. Mas, antes disso, como já fui 'treinado' por ela na prática, eu já estou replicando na nova empresa muita coisa que aprendi lá na MPD.

Bons relacionamentos são uma das razões de sucesso de qualquer organização e nesse aspecto é importantíssimo ter honestidade de propósitos. Agora, dizendo isso, parece óbvio, pois quando você já está treinado para ter esse olhar, parece que sempre soube disso. Mas não. Na verdade, incorporei esse aprendizado por causa das ações de RH implementadas na empresa, ações que tornaram a política organizacional mais democrática. Eu acredito que, quanto mais democrática a empresa é, mais as pessoas vão se engajar. Não falo de uma democracia irrestrita, pois sempre tem aquele que deve decidir e pronto, mas não tenho dúvida de que o RH é o guardião dos processos democráticos das empresas.

Para você se relacionar bem com as pessoas, você precisa desenvolver a empatia. Você deve estar aberto para perceber, por exemplo, o comportamento diferente de um funcionário e pensar: 'Por que ele está agindo dessa forma?'. Todos têm um motivo. E quanto mais você puder fazer, com as ferramentas do RH, que as pessoas do time consigam enxergar o outro lado entre eles, em relação aos clientes e aos fornecedores, mais você cria espaço para um bom clima organizacional."

Tacada de mestre

"Como diretora de RH, a Lúcia se valeu de suas características fortes: ela é corajosa e guerreira. Dessa forma, suas ideias iam em frente. Achei brilhante a resolução que ela deu a um problema eterno de toda construtora e incorporadora: fazer uma entrega adequada de apartamentos e de obras.

Essa era a maior luta que a gente tinha. A empresa fazia tudo conforme o figurino, mas quando ia entregar... tinha um risquinho aqui, um negócio que faltou fazer ali... porque o engenheiro não conseguia transmitir a importância de prestar atenção nos detalhes para as pessoas responsáveis por aquele serviço. Então, a Lúcia iniciou um programa de conscientização das pessoas responsáveis.

Antes de ter esse programa, o que a gente fazia?

Bom, o cliente vai fazer a vistoria mesmo, então, ele vai apontar os defeitinhos e nós fazemos os retoques. Só que a pessoa que pagou seu apartamento durante três anos estava numa expectativa enorme para entrar, chegava lá e encontrava um monte de pequenos defeitos no apartamento. Por trás disso, existia também a lógica do engenheiro, uma lógica técnica: a de que 'se o cliente não visse pequenos defeitos, ok. Passou, passou!'

Com a palavra, Mauro Santi

Acontece que o cliente podia não ver na hora, mas, depois de algum tempo, ele via os defeitos todos e acionava a assistência técnica. Com isso, a assistência técnica passou a ter um custo exorbitante.

Diante dessa realidade, a Lúcia começou a trabalhar a cabeça dessas pessoas da obra no seguinte sentido:

'Pera lá, quando você vai comprar algo, você é exigente, não quer comprar um carro novo com um risquinho, com uma parte amassada, um espelho danificado. Você quer um carro zero bala, certo? Então, por que você tem uma atitude quando vai comprar e tem outra quando você vai entregar algo?'.

E era uma coisa que as pessoas não conseguiam colocar na cabeça, não conseguiam enxergar o outro lado, ou seja, o cliente, da forma como eles enxergavam a si mesmos. A Lúcia fez o treinamento do pessoal e foi criado um processo de bonificação: se as entregas tivessem 100% de sucesso, o pessoal daquela obra ganhava prêmio, elogios... então, passou-se a tomar muito cuidado nesse processo. Contratamos também pessoas que faziam uma vistoria prévia, um serviço terceirizado, para que apontassem todos os defeitos antes da entrega. Assim, reduzíamos enormemente a utilização da assistência técnica e o cliente ficava muito mais feliz. E para se ter uma noção de como essa parte é importante para qualquer construtora e incorporadora, havia mais um detalhe. Programávamos três ou quatro entregas por dia e era destacada uma equipe com pintor e alguns outros profissionais para consertar na hora pequenos defeitos apontados pelo cliente. O cliente assinava na hora a entrega 100% e todo mundo ia para casa tranquilo.

Deixo claro que esse não era um processo técnico, mas sim um processo da área de Humanas, que leva em conta as pessoas envolvidas. Isso dá um ganho fenomenal à imagem da empresa, pois não adianta você ter uma assistência técnica fantásti-

ca que você aciona e ela faz bem o serviço. O segredo é entregar a obra sem defeitos e evitar o uso da assistência técnica; o segredo é você ter uma operação de ganha-ganha: o cliente fica satisfeito porque pode entrar logo no apartamento que ele tanto esperou, a empresa economiza nos custos, pois não precisa do trabalho da assistência técnica, e a sua imagem fica muito boa no mercado."

Legado

"Voltando à sala do 'soninho' na Johnson & Johnson, claro que nós fomos ver o escritório da Johnson, não uma fábrica, porque, numa linha de produção, óbvio que não daria para o pessoal ter uma cama para dormir um pouquinho. Na MPD, não chegamos a ter nossa sala do 'soninho', mas montamos a sala de descompressão idealizada pela Lúcia. É uma salinha descolada com geladeira, café, água, mesinha e tal, enfim, um lugarzinho gostoso para ficar alguns minutinhos na hora do café da manhã ou da tarde. Nós levamos para as obras também, de forma sistematizada, banheiros razoavelmente limpos e refeitórios adequados."

"No frigir dos ovos, as empresas que conseguem pacificar e integrar as pessoas são as que se dão melhor no mercado. E o RH é importantíssimo nesse processo."

Capítulo 4

COM A PALAVRA, MILTON MEYER

"A Lúcia tem a habilidade de tirar o melhor das pessoas."

Fiquei muito feliz quando o Milton Meyer, sócio de Mauro Dottori na MPD, disse sim ao meu convite para participar deste livro. Fiquei mais feliz quando vi seu depoimento. Isso porque ele discordou várias vezes de mim e tivemos alguns embates por causa dos projetos que eu apresentava, especialmente no tocante às obras da empresa e ao clima nos canteiros. Antes de ouvirmos o Milton, gostaria de contextualizar o período em questão.

Quando eu entrei na MPD, como em qualquer empresa do setor da construção civil naquela época, não havia uma cultura de clima organizacional nem a formação de gestores para lidar com o time. Era um ambiente um tanto rústico. No momento em que percebi que alguns engenheiros não cuidavam muito do trato com os operários, comecei a conversar com eles e com os mestres de obras, que também eram brutos com seus subordinados. Nem todos, há que se dizer. Havia um mestre de obras que era muito sério e profissional, mas não tinha papas na língua. Ele cometia ofensas contra os serventes oriundos do Nordeste, e ele mesmo era nordestino. Quando achava que algum deles estava fazendo corpo mole, ele saía xingando. E eu falava, mestre, não pode falar assim, e ele dizia:

"Mas é que o fulano é vagabundo mesmo!"

Eu reforçava que ele não tinha o direito de falar assim com ninguém e que se não quisesse mais aquele trabalhador lá, era preferível que o demitisse. Fui dando um passo de cada vez e persistindo nas conversas. Um dia, ele foi à minha sala e eu tive a oportunidade de explicar para ele as consequências dos maus-tratos aos subordinados. Disse que as pessoas, quando são destratadas, podem não responder na hora, mas via de regra respondem de outra maneira mais adiante, em forma de represália. Lembro que até dei um exemplo. Um operário insatisfeito com o tratamento que recebe do mestre de obras pode furar um cano, colocar cimento em cima para dar problemas futuros para a construtora, enfim, ele estava fazendo mal à casa que lhe proporcionava o próprio sustento. Fui nesse caminho de conversas tanto com os engenheiros quanto com os mestres.

Durante os treinamentos de liderança, reforçávamos que a forma de tratar os subordinados e todos na empresa deveria mudar, pois a conduta do líder tem que ser respeitosa e orientativa. Caso o subordinado não se enquadrasse no que era pedido, como último recurso, havia a demissão, mas nunca o assédio moral.

Dessa forma, a cultura da MPD foi se assemelhando mais aos valores de humanização do ambiente de trabalho que o fundador da empresa sempre propagou.

Um dia, comentei com o Milton que um dos seus engenheiros tratava mal os funcionários que trabalhavam com ele e que gostaria de ter uma conversa para conscientizá-lo sobre as consequências dessa conduta. Isso foi razão de um embate com o Milton. Irritado, ele perguntou:

Com a palavra, Milton Meyer

"Você quer transformar os engenheiros em florzinha?"

Mas depois, com uma visão mais estratégica da mudança de tratamento que eu estava pleiteando junto aos líderes, tive o maior apoio para continuar a fazer esse trabalho de conscientização, pois os resultados foram claros e vieram em curto prazo; começou a haver menos retrabalho, mais produtividade e as pessoas trabalhavam mais satisfeitas.

As reclamações chegavam até mim através das caixinhas de sugestões espalhadas pelas obras. Somente eu tinha acesso. O Milton não gostou muito da ideia, mas ela passou. Com as queixas em mãos, eu falava diretamente com o gestor e deixava claro que ele não tinha que descontar no time e dizer a eles que alguém o dedurou, e que essa era uma medida de caráter profissional, pois precisávamos saber o que acontecia nas obras para tomar atitudes que melhorassem o ambiente de trabalho, o que seria bom para todos.

Então, foi com diplomacia e em doses homeopáticas que a cultura foi mudando.

Sei que o RH pode incomodar, às vezes ou muitas vezes. Isso é fato! Mas quando se tem propósitos, tudo acaba bem. Vamos ouvir o Milton.

"Conheci a Lúcia quando construímos a casa dela em Aldeia da Serra, na Grande São Paulo. Depois de um tempo sem contato, ela assumiu a diretoria de RH na MPD, exatamente no momento em que a empresa estava dando um salto de crescimento e nós percebemos que várias áreas necessitavam de maior desenvolvimento, como a de Recursos Humanos, pois as pessoas são fundamentais para qualquer organização. Sabíamos da experiência da Lúcia em gestão de pessoas, pois ela teve uma passagem superexitosa pela J&J e também entendíamos que ela viria para

agregar valor à MPD, já que compartilhava dos mesmos princípios que permeavam a empresa; eu e o Mauro sempre nos identificamos com ela pela valorização das pessoas que compõem o time e pelo olhar social e inclusivo dela.

Foi a Lúcia que promoveu a primeira inclusão feminina na área de produção em uma de nossas obras. Nós sempre tivemos engenheiras, tecnólogas e várias profissionais mulheres no escritório, mas numa obra nunca. Nossa primeira carpinteira se chamava Lenice. A Lúcia fez um trabalho interessante para integrá-la à equipe. Hoje, vemos muito mais mulheres inseridas na nossa atividade, graças a Deus!

A Lúcia atuou em muitas frentes, participou ativamente da estruturação da empresa e de seu plano de desenvolvimento para a mudança de patamar da construtora e da área de incorporações também. Além disso, promoveu com maestria os cursos de treinamento de lideranças e ações para o maior envolvimento do time.

O olhar cuidadoso para as pessoas e o fato de ser sempre aberta ao diálogo foi de extrema importância para a empresa. No fundo, tanto o Mauro quanto eu temos uma formação muito exata, de engenheiros, e é fundamental você ter um lado mais humano para te chamar a atenção para outros aspectos. Além de toda a sua expertise e sensibilidade, a Lúcia é uma pessoa que tem muita garra, muita determinação. Ela foi precursora das nossas premiações e acreditava que esse era um instrumento de união do time.

Eu me lembro que quando não ficamos entre as 150 Melhores Empresas para Trabalhar no primeiro ano que concorremos, eu percebi nela uma frustração enorme, pois ela acreditava que tínhamos chance. Porém, no ano seguinte, ganhamos e ficamos muito bem no ranking, ou seja, ela não se deixou derrotar e foi em busca da premiação com uma estratégia muito bem articulada."

Com a palavra, Milton Meyer

Diálogo

"A conversa com a Lúcia sempre foi boa, mas confesso que sou muito questionador. Não é que ela dizia: 'Vamos contratar mais mulheres'. E eu dizia: 'Sim, beleza, vamos!' Não. Eu questionava se iria dar certo, queria saber todas as possibilidades e consequências de determinadas ações. Muitas vezes, no mundo corporativo, temos decepções e queremos minimizá-las. Nesse sentido, eu e a Lúcia tivemos bons embates, pois, muitas vezes, tínhamos posicionamentos antagônicos. Hoje, olhando para trás, acho que fomos amadurecendo aos poucos. A Lúcia já tinha toda uma experiência vivida em grandes empresas e a MPD só tinha a realidade que vivenciávamos até aquele momento. Mal comparando, é igual ao cavalo que recebe uma cela pela primeira vez e tem que se habituar com uma coisa que nunca viu. Esses processos de amadurecimento duram um tempo para uns e um tempo maior para outros. Eu agradeço a convivência com a Lúcia, pois ela também influenciava setores adjacentes ao RH. Ela me ajudou, por exemplo, a olhar um pouco meu lado como gestor, como sócio da empresa, como líder. Então foi um processo muito interessante essa virada de chave. A Lúcia nos ensinou também a ouvir as pessoas que trabalham conosco, pois se não forem ouvidas, elas não conseguirão se desenvolver na carreira nem contribuir para o crescimento da empresa. Esse é um mérito importante dela. Ela sempre fez um RH de resultado, nós víamos os avanços no clima da empresa e na produtividade e, dessa forma, fomos aprendendo a ser mais flexíveis à medida que fomos sendo convencidos de que as ideias colocadas em prática funcionavam de fato.

Veja só: um certo dia, eu disse: 'A Lúcia quer transformar os engenheiros em 'florzinhas'?' Hoje, eu diria diferente, pois existem coisas que você só compreende quando fica um pouco mais maduro. Eu lembro que houve um treinamento para os engenheiros e eles me deram o seguinte feedback: olha, foi interessante, mas pareceu tudo muito lúdico. Confesso que sou um trator para trabalhar e alguns posicionamentos da Lúcia à frente do RH me davam a impressão de que poderiam tirar um pouco a garra e a determinação que os colaboradores deveriam ter. Era uma impressão errada minha, sinceramente. O relacionamento com ela por tantos anos trouxe aprendizado e amadurecimento não só para mim, mas para toda a organização.

Quando tivemos um episódio desagradável na obra de um shopping, um acidente que não causou vítimas fatais, mas nos abalou muito, ela foi uma pessoa muito positiva comigo e com toda a equipe. Mesmo naquela situação ruim, ela foi uma pessoa ponderada, com uma temperança ímpar, positiva e sempre do nosso lado, procurando nos trazer conforto e apoio.

Ela teve uma participação também muito bacana em nossa área de segurança e saúde do trabalho, envolvendo os gestores, e ainda participou de forma muito hábil da questão da preparação da linha sucessória da empresa. Nós víamos os anos passando, a idade avançando e pensávamos como seria a passagem de bastão para dar longevidade ao negócio e transmitir nossa cultura. Então, todos esses embriões, que hoje já estão muito mais solidificados, ela nos deixou como legado.

Foi interessante ver como a Lúcia transitava bem por todas as áreas da empresa, auxiliando inclusive nas nossas entregas de apartamentos. Ela auxiliou também na área de produto. Ficou tudo muito agradável na entrega das chaves com o que ela chamou de 'padrão Disney de encantamento do cliente'; ela pensava até no perfume que era borrifado nas unidades para causar uma sensação gostosa nas pessoas – hoje, uma marca registra-

da da MPD. Nessas ações de entrega, ela envolveu também o Marketing e conseguiu que fosse feito um kit bonito para o lavabo e a cozinha, que era colocado pouco antes da visita de vistoria. Então, eram aspectos que transcendiam, obviamente, as atribuições do RH. Eu considero o estilo de RH da Lúcia como um RH de resultado, moderno, que, além de engajar o time todo, nos trouxe a percepção de que cada um de nós é responsável por trazer valor à empresa, fazendo nosso trabalho bem-feito em cada detalhe, pondo capricho em tudo e realizando todas as tarefas do dia a dia com excelência. Tenho boas lembranças de todo o trabalho dela aqui, um trabalho que ecoa até hoje.

Como a Lúcia era uma diretora de RH cheia de ideias, não posso deixar de dizer que discuti com ela diversas vezes por questões de custo, não tenha dúvida. A MPD vivia numa situação diferente, era uma empresa que vinha crescendo, e a questão de manter-se dentro do budget era muito importante. Mas olhando pra trás, eu percebo que todas as ações tinham o propósito de trazer melhores resultados. É como eu disse: às vezes, naquele momento você tem que discutir questões orçamentárias, mas o que ela propunha era tudo com objetivo claro."

Legado

"Foi um legado positivo e excelente de investimento em pessoas, em seu desenvolvimento dentro da empresa; um legado também de muita ética e retidão.

Um dos desdobramentos do olhar social e dos projetos que ela implantou aqui foi, sem dúvida, a criação do Instituto MPD. Ela já estava saindo da empresa e não participou ativamente, mas foi fruto de várias conversas que tivemos sobre o assunto, a partir das ações de cunho social que já fazíamos. A Lúcia trouxe um *olhar mais corporativo para essas ações e nos permitiu sair da discricionariedade e atuar em ações embasadas e com um impacto maior na comunidade.*

Outro legado? Nossa reunião de qualidade com a turma de engenharia, que tinha o caráter de discutir aspectos que não tinham dado muito certo para enxergar onde deveríamos melhorar, tornou-se uma reunião de integração. Eu achava mesmo que a reunião tinha que ser mais abrangente e envolver mais áreas, e a ideia da Lúcia de integrar pessoas de todos os setores veio nessa linha. Essas reuniões de integração acontecem até hoje, pois é um meio de aumentar a comunicação da corporação, fazendo um overview da situação de momento para que todos tenham um pouco mais de conhecimento a respeito do que está acontecendo aqui dentro. Falou em integração, é com a Lúcia!

Além disso, com seu profissionalismo incontestável, ela formou muitas pessoas que estão aqui até hoje. O legado principal da Lúcia foi, sem dúvida, tirar o melhor das pessoas para que elas e a empresa cresçam juntas. Foi um período muito proveitoso e, no fundo, a participação profissional dela aqui na MPD virou uma grande amizade e tenho muito respeito por ela."

"A Lúcia sempre soube delegar com responsabilidade e dava espaço para que as pessoas crescessem; com isso, participou ativamente do crescimento da MPD."

Capítulo 5

PROJETOS E TREINAMENTOS COM PERSONALIDADE

Como já disse a vocês, os anos na MPD foram memoráveis em termos de ideias e deixaram marcas indeléveis em minha carreira profissional. Vou detalhar alguns dos projetos e treinamentos de liderança realizados na empresa. Foi por causa deles que acabei ganhando em 2015 e 2018 o Prêmio Most Outstanding Leadership Development Consultancy - Consultoria de Desenvolvimento de Liderança Mais Extraordinário.

Em busca de líderes mais versáteis

Eu nunca gostei desses treinamentos que as pessoas ficam fechadas numa sala vendo um PowerPoint que diz: o líder tem que ser assim, assado... Não, acho que essa abordagem não funciona. Você tem que colocar o líder para fazer uma atividade que o leve a ver como é a liderança de fato. Somente com atividades práticas você consegue provar para as pessoas que todas são capazes, desde que queiram. E o sucesso do programa de treinamentos fora da caixa foi de saltar aos olhos: havia sempre 100% de adesão dos funcionários convidados, tanto no escritório quanto nos canteiros de obra.

Parte 3 • Case MPD • Capítulo 5

Como eu participava de reuniões com todas as áreas, sempre ouvia as necessidades e demandas mais importantes. A partir daí, era reunir as informações e as ideias surgiam.

Na MPD, a cada ano fazíamos um treinamento de liderança totalmente novo, com o intuito de formar líderes mais versáteis. Programávamos *outdoor trainings* – que foram inspirados nos treinamentos do Exército americano voltados à sobrevivência – para fortalecer a cultura de união, onde ninguém é melhor do que ninguém, mostrando que cada um tem seu valor. Todo o aprendizado vindo dessas atividades se desdobrava no dia a dia da empresa, criando um ambiente com mais tolerância e respeito. Fortalecer o espírito de colaboração é muito bacana e contribui de forma eficiente para um trabalho cada vez melhor e, consequentemente, para os bons resultados da empresa.

Ninguém sabia o que ia acontecer nos treinamentos e era uma surpresa a cada ano. O Mauro perguntava:

"O que você está inventando para esse ano?"

1. Desafio de Titãs

O primeiro treinamento de lideranças que eu fiz na MPD foi o Desafio de Titãs. Eu gosto de dar nomes fortes e atrativos! Foi a primeira experiência em grande estilo. Para fazer esse treinamento, eu firmei uma parceria com o Clube Pinheiros e nós levamos todo o time da MPD para a raia da USP. A equipe de treinadores dos atletas olímpicos do Pinheiros foram os instrutores dos nossos líderes. No galpão onde é feito o treinamento técnico, portanto, antes de colocar os barcos na água, todos aprenderam as posições de cada um na embarcação, a responsabilidade de cada uma dessas posições, a importância da sintonia entre todos para que o barco possa seguir no rumo certo, entre outras coisas.

Depois, veio a hora de dividir as equipes. Cada uma colocou seu barco na água e fizemos uma regata de verdade. Foi muito divertido e tudo foi filmado.

Ao final, reunimos os participantes para discutir o porquê do sucesso da equipe vitoriosa. Quais atitudes eles tomaram em conjunto, qual foi o papel do líder, o que ele fez que ajudou o time a ganhar? Quanto aos times que não ganharam, quais foram as consequências das atitudes do líder que acabaram levando ao resultado negativo. Foi muito legal fazer a análise da regata e levar esse aprendizado para o dia a dia, perguntando o que eles aprenderam na regata que poderiam aplicar em seu trabalho.

2. *Master Chef*

Num sábado, levamos todos os líderes para um hotel em São Roque e ficamos lá o dia todo. De manhã, os nossos convidados fizeram esportes na grande área de lazer do local, por isso, todos pensavam que ia ser só um sábado de atividade física: tênis, basquete, futebol, tirolesa...

Na hora do almoço, eles voltaram para o lugar combinado e todos esperavam que fossem se deliciar com um banquete.

Foi quando eu falei: então, a surpresa é que vocês é que vão fazer o almoço. Nós vamos dividir as equipes e cada uma será responsável por uma tarefa. Vocês têm uma hora e meia para servir o almoço. A fome foi um ótimo motivador para eles, concordam? Sempre tem que haver motivação.

Pensei em um almoço temático num ambiente de cantina italiana. Uma equipe cuidou da decoração, tendo à disposição cortinas, toalhas e outros itens; outra equipe era responsável pelo fundo musical; outra, pelos *drinks* sem álcool e as entradas; outras se dividiram para fazer a salada, o prato principal e a sobremesa. Cada um escolheu a equipe de acordo com suas habilidades. Lembro que o Dottori escolheu ficar na equipe dos *drinks*.

Mostramos a eles os ingredientes que teriam à disposição e as equipes começaram a fazer o planejamento de tudo o que seria servido.

Lógico que não havia facas para todas as equipes e os times tiveram que negociar o tempo que cada um poderia ficar com o utensílio.

Um time com fome planeja e se organiza rapidinho. Não sobrou nada, posso garantir!

Depois, discutimos como as equipes se organizaram, como foi a liderança, como progrediu a resolução de conflitos e a gestão dos ingredientes. Lógico, tudo isso buscando a conexão entre o aprendizado e a aplicação no dia a dia. Ficamos horas discutindo. Foi muito proveitoso esse exercício.

3. Desafio do Circo

Levei os líderes para o circo do Marcos Frota, que estava no shopping Tamboré, bairro da cidade de Barueri em São Paulo. Eles pensaram que iriam assistir a um espetáculo e eu falei: "Então, a novidade é que vocês serão treinados para serem os protagonistas desse espetáculo". Os artistas do circo fizeram uma triagem básica para saber qual era o talento de cada um. As equipes foram divididas e começou o ensaio.

Alguns fizeram manobras com argolas, outros, se equilibraram na perna de pau; outros ainda foram destacados para o papel de palhaço. O pessoal do circo ajudou com as fantasias e com as pinturas. Quando chegou a hora do show, parecia mesmo profissional! Foi muito divertido, eu até atuei como ajudante do mágico: entrei na gaiola e virei onça. Todo mundo curtiu muito e, mais uma vez, aprendeu com o trabalho em equipe.

4. Olimpíadas MPD

No ano das Olimpíadas, firmamos parceria com o Colégio Mackenzie Tamboré e realizamos a nossa olimpíada particular. Tenho boas lembranças desse treinamento. O Mackenzie cedeu o espaço e nós contratamos treinadores profissionais de todos os esportes: futebol, basquete, vôlei etc. Nós dividimos o grupo da MPD em equipes e cada uma foi treinada com o instrutor do esporte preferido da maioria. As provas aconteceram durante o dia inteiro e foram feitas como manda o figurino, inclusive com árbitros profissionais da Federação Paulista. Tudo muito sério. A competição rendeu troféus para os primeiros colocados e aprendizado de liderança para todos. O objetivo sempre foi misturar os times para que os colaboradores de várias áreas pudessem se conhecer melhor. Na avaliação do aprendizado com as dinâmicas na olimpíada, muito se falou sobre a importância da integração de toda a equipe, que fortalece sempre mais os times de cada setor e a integração geral dentro da empresa. Ressaltamos o que funcionou bem nas competições e o que deveria ser trazido em termos de aprendizado para o dia a dia dos líderes. Destacamos que, quando você tem uma liderança respeitosa, participativa, inclusiva, você consegue extrair de um time médio uma excelência no trabalho; por outro lado, quando um líder não tem essas habilidades, pode conduzir um time de ouro ao fracasso. Analisamos a comunicação e a colaboração entre os membros das equipes, e se tudo foi feito de acordo com os valores da empresa. Alguns me perguntavam se era bom acirrar a competitividade com esse tipo de treinamento. Eu respondia que a vida é assim, no entanto, a competição deve ser saudável e não destrutiva. Na competição saudável, eu faço o meu melhor, o outro faz o seu melhor e nós dois crescemos juntos, e juntos ajudamos a empresa a crescer. Esse foi sempre o espírito dos treinamentos de liderança. Não queríamos mostrar que um era melhor do que o outro, mas incentivar que todos fizessem o seu melhor para crescerem juntos em prol de cada um, do time e da organização.

5. *Grand Prix* MPD

Esse deu muito ibope! Transformamos o subsolo da obra do edifício Premium numa pista de corrida de carrinhos de rolimã, com boxes, pódio para os primeiros colocados e *champagne*. A missão dos times era fazer o protótipo de um carrinho de rolimã. Eles tinham que projetá-lo no papel e construí-lo. Para isso, tinham à mão materiais como madeira, rodinhas e serrote.

Carrinho pronto, hora de disputar a corrida.

Os que subiram ao pódio e os que ficaram de fora aprenderam igualmente a aplicação de tudo o que vivenciaram na prática.

6. *Horsemanship*

Esse treinamento nós fizemos no sítio do professor Luiz Marins, em Sorocaba (SP). Lá, os cavalos eram treinados pela técnica da doma inteligente, o famoso encantamento de cavalos. Nossos colaboradores tinham que aprender a fazer o manejo do animal, algo que tem um grau de dificuldade grande, já que a máxima corrente é que não é você que treina o cavalo, mas o contrário. Com os cavalos mais chucros, ou mais jovens, você tem que ter uma tática, com os mais experientes, outra, com os seniores, outra diferente.

Foi muito interessante ver gente que nunca tinha tido contato com cavalos aprender a comandá-los. Aqui está um dos segredos do sucesso desses treinamentos, porque você mostra que, em pouco tempo, uma pessoa consegue aprender algo novo se tiver vontade e dedicação. Se uma pessoa que nunca treinou cavalos consegue, com as instruções adequadas, fazer uma doma, o que não se pode fazer com as equipes no escritório?

A segunda parte desse treinamento era fazer uma analogia do que foi aprendido com o papel de liderança no cotidiano. Foi um aprendizado muito rico, porque estávamos com uma equipe especializada: foi o filho do professor Marins que aplicou a técnica da doma inteligente e treina inclusive jóqueis. A acolhida no sítio foi maravilhosa e todos amaram o dia de treinamento.

7. Escola de Samba

Esse treinamento envolveu uma escola de samba, mas levou o nome de Time de Craques porque estávamos no ano da Copa do Mundo FIFA.

Veja como as conexões se formam quando as ideias estão pipocando. Nessa época, a MPD tinha dado mais robustez aos seus valores e missão. Eu pensei: como é que nós vamos fazer para que todos entendam, gravem e abracem os novos valores da empresa? Logo veio a inspiração para fazer cada ala de uma escola de samba representar uma parte desses valores.

Partindo para a ação, contratei uma escola de samba e consegui emprestado um ginásio de esportes. Eram uns 200 colaboradores, que achavam que iriam fazer esportes, pois todos ganharam uma camiseta.

Na primeira parte do treinamento, fizemos várias dinâmicas para apresentar os valores da empresa. Depois do almoço, veio a atividade surpresa.

Nesse momento, aconteceu a entrada deslumbrante da escola de samba, com comissão de frente, ala da bateria, das baianas... Todos ficaram extremamente surpresos. Então, o mestre da escola de samba começou a formar os times com nossos colaboradores para organizar a comissão de frente, mestre-sala, porta-bandeira, a bateria e tudo mais. Lembro que o Dottori, presidente, quis aprender a tocar tamborim. Houve um período para compor o samba-enredo, ensaiar o batuque, para fazer as fantasias e deixar a escola pronta para entrar na avenida.

Quando eles entraram para o desfile, foi emocionante!

Era como uma escola de samba entrando no sambódromo, guardadas as devidas proporções, claro. Cada ala entrava com uma plaquinha onde estavam escritas partes dos valores da MPD.

Os líderes saíam cada vez mais confiantes dos treinamentos, aprendendo que, quando se tem determinação e vontade, se pode realizar muito mais do que se imagina. A sinergia para o trabalho em equipe aumentava a proporções elevadas. As pessoas de todas as áreas acabam se conhecendo e se reconhecendo como profissionais importantes para o sucesso da organização.

Com esses treinamentos de liderança, a MPD conseguiu líderes mais versáteis que diziam: "Não importa se eu não sei fazer hoje, porque, se eu quiser e aceitar ajuda e orientação, eu vou aprender. Eu já aprendi a fazer comida, tocar tamborim, fazer samba-enredo, construir carrinho de rolimã... poxa, fazer liderança é mais fácil!".

Portanto, o grande lance dessa abordagem é provar que a união e colaboração de todos são os fatores que fazem uma empresa diferenciada e que o respeito mútuo é fundamental. As provas durante o treinamento desenvolvem também a tolerância, ou seja, você aprende que o seu jeito não é o único jeito de fazer as coisas, que é mais importante ajudar alguém a detectar e corrigir algum erro do que criticar por criticar. Enfim, em última análise, todos aprendem a ser pessoas e profissionais melhores.

Mauro Dottori atesta que foram momentos memoráveis.

Projetos e treinamentos com personalidade

"Eu sempre vi os treinamentos de liderança como investimento, não custo apenas. Esses treinamentos põem os líderes em situações que eles não esperavam, e não só soltam as pessoas, mas ensinam a trabalhar com espírito de equipe. A Lúcia fez isso de uma forma extremamente marcante aqui na empresa. Tudo era feito de forma lúdica e a turma se envolvia de uma tal maneira que aqueles dias ficavam na memória para sempre!

Na hora do feedback, dava para ver que todos amavam os treinamentos e percebiam quais habilidades tinham e o que faltava. Claro que não acontecia tudo de uma vez, mas o resultado era visível com o passar do tempo. Depois tivemos uma parada, especialmente por causa da pandemia, mas é uma prática maravilhosa que deve continuar. Aliás, todas as ferramentas do RH na parte do desenvolvimento de nossas lideranças foram importantíssimas para a compreensão do papel dos líderes, que devem ir à frente e dar o exemplo.

Todos os que passaram por esses treinamentos, tanto da administração quanto das obras, acabaram se desenvolvendo. Foi fantástico.

Sim, você tem que investir nesses treinamentos, é um evento de porte para a empresa, mas não se faz uma omelete sem quebrar os ovos, além do mais, investimento é aquilo que te dá o melhor retorno, e esse é um investimento com retorno certo.

Eu sempre digo: 'O que é melhor: você gastar pouco e não ter nenhum resultado, ou você gastar 50% mais e ter um belo resultado?'. A resposta é óbvia, mas, na realidade, quando você está tomando a decisão, não é nada fácil, já que muitas vezes você não enxerga com muita clareza antes de decidir. Você vai percebendo aos poucos os resultados do investimento: você começa a perder menos gente, a turma passa a trabalhar com mais alegria, isso te traz mais produtividade, todo mundo fica engajado nas metas e tudo retorna como benefício para a empresa e para os funcionários. Quer coisa melhor?"

Além dos treinamentos fora da caixa, outros projetos foram implementados na MPD visando o engajamento e a construção de uma empresa que preza seus talentos. Já que falei em talentos, começo por um projeto que me é muito caro.

Projeto Fábrica de Talentos

Como o nome já sugere, o intuito com este projeto era que a MPD desenvolvesse jovens profissionais desde o início da carreira, mais ainda, desde antes da formação na universidade, se transformando numa fábrica de talentos. Apresentei o programa na reunião de Comitê e foi facilmente aprovado. Na apresentação, expus os principais atrativos do projeto.

1. A oportunidade para os jovens que estavam prestes a se formar e que poderiam conseguir uma colocação imediata;
2. A oportunidade que a empresa teria de fazer um processo seletivo onde realmente todos teriam a chance de mostrar suas competências, habilidades e expectativas.

Na grande maioria das vezes, o que acontece é um processo seletivo em que é feita uma entrevista, uma dinâmica e para por aí. Isso é pouco diante de um processo de seleção mais longo como no proposto na Fábrica de Talentos, ambiente onde os estudantes prestes a se formar poderiam de fato mostrar seus conhecimentos em atividades diárias.

Acredito que, com esse tipo de abordagem, a empresa fica mais segura na hora de contratar, pois o candidato já mostra na prática suas habilidades técnicas, suas ideias de inovação, e, por outro lado, a empresa já pode avaliar a postura e as competências do candidato para superar desafios. Para mim, essa é uma das melhores formas de processo seletivo.

Nosso primeiro passo neste projeto foi promover a aproximação com as universidades: em um primeiro momento, visamos os cursos de Engenharia. No projeto piloto, fomos ao berço da formação do fundador da empresa: a Politécnica da USP. Fui acompanhada do diretor-técnico da empresa, e de mais dois engenheiros que estavam começando obras novas. Na Poli, fomos muito bem recebidos e o projeto foi acolhido sem ressalvas pelos professores que já conheciam a seriedade da MPD – tendo como balizador o fato de o Mauro ser ex-aluno – e ainda viram uma grande oportunidade de aprendizado prático para os estudantes. Não era simplesmente um programa de estágio, era um trabalho em que eles poriam a mão na massa de verdade.

A metodologia era simples. O grupo formado por dez estudantes teve a orientação dos engenheiros de cada obra durante um mês. Depois, eles tiveram que apresentar um *case* referente ao aprendizado nas equipes e à solução do desafio proposto durante esse período. Os alunos com melhor desempenho recebiam o convite para fazer parte do time da MPD.

A ideia era expandir o programa para outras universidades e cursos, a fim de trazer os melhores alunos das universidades para ingressar nos quadros da empresa em várias áreas. Mas o projeto foi implantado em 2018, pouco antes da minha saída. Mesmo assim, chegamos a completar o primeiro ciclo, com a contratação efetiva de alguns desses alunos da Poli. O programa continua sendo aplicado na empresa. E não poderia ser diferente, pois é um *approach* de RH que aponta para o futuro, que cria um grupo de futuros gestores, com boa formação, bom treinamento e totalmente adaptados, desde o início, à vivência dos valores da empresa. Eu particularmente acredito que essa seja a maneira mais sustentável de criar sucessores numa organização. Os estudantes vêm sem vícios de outras empresas e isso é muito bom.

Agora, se vocês me perguntarem se eu acho importante ter somente jovens trabalhando numa organização, a resposta é um não redondo. Nem tanto ao mar nem tanto à terra. Eu acho que o ideal é que a empresa consiga fazer uma mescla: valorizar tanto as pessoas que já trabalham lá e têm toda uma experiência quanto os jovens talentos que vão chegando. Para que essa química dê certo, é preciso ainda preparar os profissionais mais antigos para serem abertos e acolherem os jovens que chegam na empresa sem experiência, mas com muitas ideias e muito conceito. Por outro lado, é fundamental preparar os jovens funcionários também para não oferecerem resistência e nem terem preconceito em relação àqueles que já estão na empresa. Esse é o melhor dos mundos! Quando você prepara os dois lados, é fantástico, porque um aprende com o outro.

Aqui trago um outro relato do fundador da MPD.

"Eu falava: 'Por que a MPD não consegue contratar gente de faculdade de primeira linha?' Isso estava me fazendo falta. As pessoas que saíam da organização eram bem-quistas no mercado, portanto, estávamos formando bem os funcionários. Então o que faltava era fazermos uma linha e começarmos a formar o pessoal desde o início. Foi aí que nasceu o Fábrica de Talentos. Até hoje as pessoas vêm à MPD para buscar profissionais gabaritados." Mauro Dottori

Projeto Nossa Gente

Em meu estilo de trabalho, procuro não deixar nada estático, nada que se caracterize como uma atuação na zona de conforto.

Sendo assim, gosto de trazer inovações para o RH todo ano. Nessa esteira, surgiu o Projeto Nossa Gente.

A ideia foi valorizar e reconhecer todos os colaboradores da MPD. Além do rol de benefícios que já tinham sido implantados na organização, acredito que foi um passo importante lançar esse trabalho de RH voltado a todo o time das obras.

Eu me lembro bem do contexto desse projeto. Nós, do RH, saíamos com um mapa do Brasil bem grande debaixo do braço e íamos visitando as obras. Tudo era agendado a fim de que houvesse um tempo hábil para os operários conversarem conosco. Lá nas obras, nós abríamos o mapa e cada trabalhador colocava um pin na cidade onde nasceu. Depois, conversávamos com eles para saber sobre a história de vida e família de cada um.

Em um momento de descontração e integração, eles puderam contar um pouco sobre seus maiores sonhos. Foi realmente um projeto feito para retratar o perfil dos colaboradores da MPD Engenharia, promovendo, assim, o reconhecimento das pessoas que ajudam no crescimento do país, conhecendo suas raízes e percebendo como a empresa estava colaborando com a realização de seus projetos pessoais. Enfim, ouvimos nossa gente de verdade, olho no olho, e assim, realizamos um programa de grande impacto na vida dos funcionários, na gestão das obras, na motivação e no engajamento do time.

Eu me arrisco a dizer que foi algo inusitado no mundo corporativo, pelo menos na área da construção civil. Ouvir as pessoas, seus anseios, respeitar e valorizar suas origens; nunca conheci um projeto com essa envergadura voltado aos operários. Com os resultados em mãos, fizemos um mapeamento da região de origem dos nossos funcionários. A maioria esmagadora era oriunda das regiões Sudeste e Nordeste. No vídeo de apresentação do Nossa Gente, mostramos detalhes de todas as regiões brasileiras, trazendo sua cultura, danças, comidas típicas, e tudo ao som de Brasileirinho (choro composto por Waldir Azevedo). Foi um projeto muito bacana e até por isso a empresa ganhou o Prêmio Master Imobiliário em 2018.

Eu me lembro de alguns sonhos que a MPD ajudou a realizar. Um eletricista gostava de música e queria gravar um DVD. Ele fez um rap falando da MPD e a empresa patrocinou o DVD dele. Aliás, colocamos este *case* no *book* para participar do Melhores Empresas para Trabalhar no Brasil. Lembro-me de mais um sonho de uma funcionária que queria reformar sua casa e não tinha condições. Uma equipe com arquitetos e engenheiros da empresa ajudou a fazer o projeto da reforma e a construção, que contou com a doação de muitos materiais para a obra.

Houve ainda alguns sonhos que me marcaram muito, como os dos operários que queriam estudar, mas tinham vergonha por não saberem ler nem escrever, pois diziam que eram "burros velhos" e não conseguiriam aprender mais nada. Nós conversamos bastante com eles no intuito de incentivá-los a voltar para a sala de aula, e tivemos sucesso! Com o Nossa Gente, acabamos quebrando barreiras e trouxemos mais colaboradores para a escola oferecida pela MPD. Ver essas e outras pessoas conquistando seus sonhos foi para lá de realizador!

Na época, eu escrevi: *"Uma equipe integrada trabalha mais motivada e comprometida, pois se sente valorizada e respeitada. Esse é um dos maiores objetivos desse trabalho".*

Capítulo 6

UMA PEDRINHA NO LAGO

Vou falar agora de uma parceria firmada entre a MPD e a Prefeitura de Barueri (Grande SP) em 2009, quando havia escassez de mão de obra especializada para a construção civil. A empresa estava construindo um condomínio residencial e faltavam pedreiros e armadores, entre outros profissionais. Nós enfrentamos o desafio com uma união de forças entre o poder público e o privado, no programa chamado "Emprega Barueri". Este episódio mostra quantas alternativas o RH pode encontrar para beneficiar tanto a empresa como toda uma comunidade. Durante um ano e meio, oferecemos capacitação para mais de 120 pessoas. Algumas vezes, a concorrência já vinha contratar profissionais que nem tinham concluído o curso ainda! Algo que ressalto também é que formamos mulheres naquelas turmas, especialmente para a carpintaria.

Vou passar a palavra agora ao Valdir Baptista, à época, diretor de relações empresariais da Prefeitura de Barueri, que, com sua visão sistêmica sobre as empresas e o mercado de trabalho local, tornou essa parceria um sucesso.

Com a palavra, Valdir Baptista

"Essa parceria mudou o ambiente de uma região inteira!"

"Quando eu assumi o cargo de diretor de relações empresariais, iniciei uma série de visitas às empresas de Barueri. A ideia era conhecer as necessidades delas e estabelecer formas de ajuda mútua por meio de parcerias.

A minha intenção era gerar novos cursos de capacitação para que as pessoas tivessem mais chances de conseguir um emprego. Então, eu oferecia às empresas o espaço para as aulas e contava com a participação delas para assumir os custos com os professores.

Conheci a Lúcia em 2009, quando fui visitar a MPD, e ela era diretora de RH. O momento não poderia ser mais oportuno, pois o setor da construção civil estava com muita necessidade de mão de obra e a cidade tinha um contingente considerável de desempregados. Ela me surpreendeu com uma ideia ótima: formar os trabalhadores nos próprios canteiros de obras. Eu disse: 'Poxa, que inusitado!' Ela já veio com tudo pronto e disse:

'A empresa banca o curso, traz os professores e eu preciso que a Prefeitura forneça os alunos, o transporte e cestas básicas'.

A intenção dela era fazer a formação, que demorava cerca de dois meses, para contratar esses profissionais em seguida. Os munícipes eram indicados pela Secretaria de Assistência e Desenvolvimento Social. Foi um trabalho muito bonito, uma parceria espetacular e frutuosa. Quantas vezes você tem a oportunidade de oferecer um curso do qual a pessoa já sai contratada? Isso cria um círculo virtuoso: a pessoa se capacita profissionalmente, começa a trabalhar e não precisa utilizar mais o Fundo

Social de Solidariedade do município; faz compras no comércio local, tem mais condições de colocar os filhos na escola, ou seja, tudo muda e o ambiente socioeconômico da região se torna melhor. Na verdade, essa parceria de sucesso transformou vidas, e o assistencialismo começou a cair na região."

Criatividade

"A criatividade da Lúcia é muito alta. Naquela época em que fizemos a parceria, ela estava querendo colocar a MPD como empresa de destaque no mercado, e conseguiu, porque foram vários prêmios seguidos de 'melhor empresa para trabalhar'. Foi a iniciativa da Lúcia que impulsionou essa sequência de premiações. O RH dela é humanizado e tecnológico ao mesmo tempo, e ela cuida de tudo de tal maneira que não deixa faltar nada para que a pessoa se sinta feliz no trabalho.

Eu continuo replicando esse tipo de parceria com empresas de outras áreas, quer dizer, muitas portas foram abertas depois daquela sementinha plantada. Hoje, por exemplo, tenho parcerias firmadas com organizações das áreas de logística e TI."

Inspiração

"Na verdade, quando comecei a visitar as empresas, eu não tinha ideia de como seria recebido. Havia um receio de que os gestores se sentissem incomodados. Mas aí eu conheci a Lúcia, e ela falou com muita clareza e transparência tanto sobre as necessidades da empresa, quanto sobre o que ela poderia fazer para que todos ganhassem com uma parceria que envolvia as áreas social, educacional e profissional. Veja o impacto de uma ação como essas!

A Lúcia, portanto, foi uma inspiração para que eu começasse a conversar diretamente com o gestor de RH de cada empresa, que é realmente o profissional indicado nesses casos. Hoje, temos uma regional da ABRH – Associação Brasileira de RH em Barueri, da qual sou diretor. São 16 profissionais de RH de grandes corporações da cidade que se reúnem regularmente e promovem palestras voltadas à união de forças entre o poder público e o privado, que acaba beneficiando a população e fortalecendo a comunidade.

Em suma, aquela parceria reverberou e continua produzindo novos negócios, novas parcerias e novos eventos. A Lúcia tem uma visão da empresa como um todo, sabe o que cada setor faz e o que pode ser feito para desenvolver cada área, além disso, é boa de Marketing também. Ela tem muita história para contar. Que bom que decidiu fazer este livro! Vai inspirar muita gente!"

CASE DUBAI

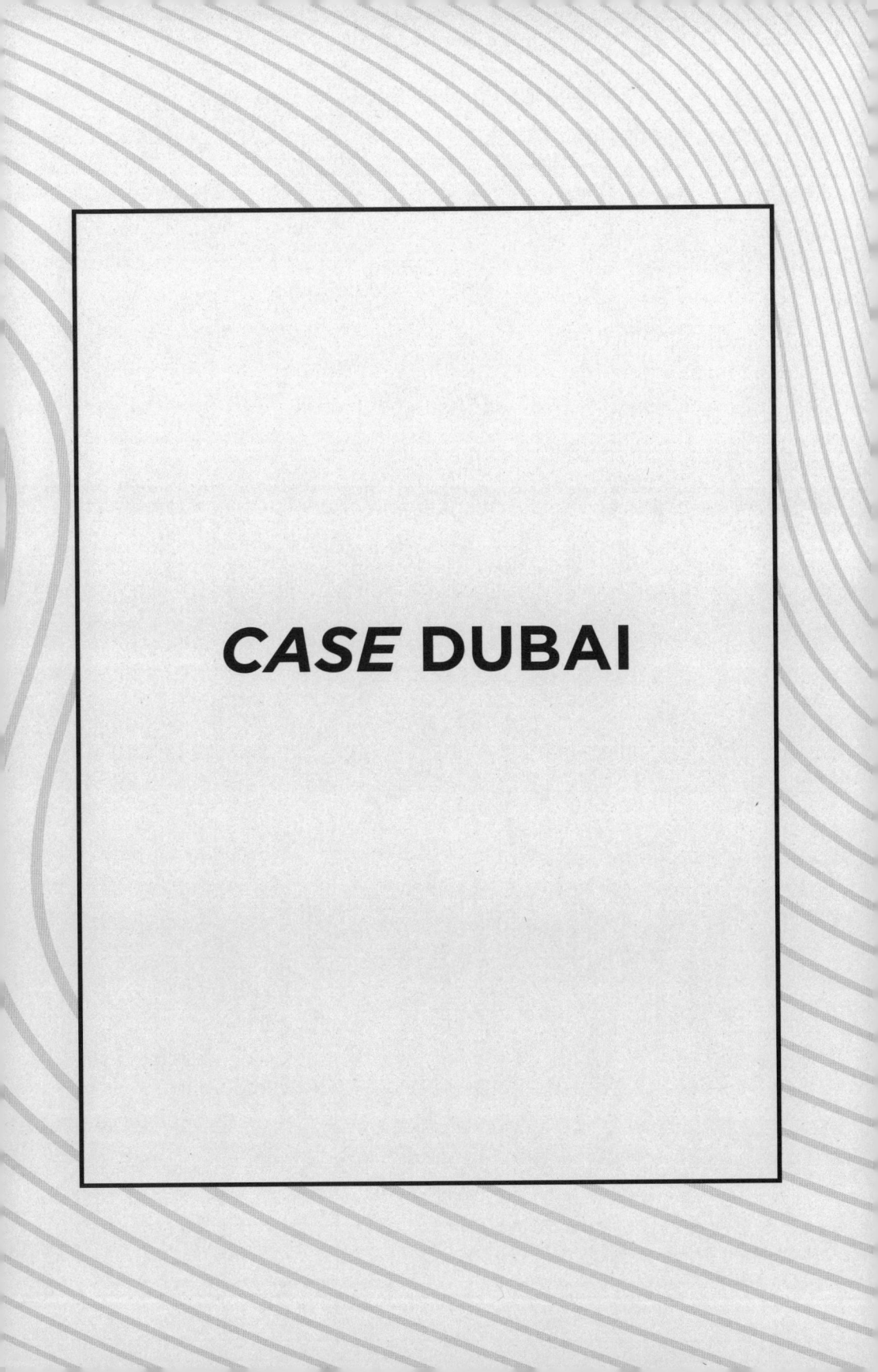

Capítulo 1

RH PARA O CRESCIMENTO CONJUNTO E SUSTENTÁVEL

Dois jovens empresários com uma ideia de excelência de trabalho na cabeça. Mais do que isso: com a ideia bem formatada de que a valorização do time é peça-chave no desenvolvimento e sucesso de toda e qualquer empresa. Estou falando de Israel e Arthur, sócios fundadores da Dubai Empreendimentos Imobiliários. Não foi à toa que, depois de pouco mais de um ano de implantação do RH, a incorporadora foi certificada pelo *Great Place to Work* (GPTW) e conseguiu entrar no *ranking* das 150 Melhores já no primeiro ano de participação, em 2022, ficando em 4º lugar. Que vitória legal de compartilhar com toda a equipe e com o mercado!

O GPTW – consultoria global de pesquisa e capacitação – certifica e premia organizações com seriedade atestada, reconhecendo os melhores ambientes de trabalho em 109 países. A consultoria reforça que os melhores são aqueles que têm as pessoas no centro de sua estratégia de negócios, que oferecem oportunidades de crescimento, qualidade de vida e buscam o alinhamento de valores para manter cada funcionário trabalhando no melhor de sua forma.

Parte 3 • Case Dubai • Capítulo 1

A notícia de que a Dubai conquistou sua presença tão marcante no *ranking* veio em agosto de 2022. Quando olho para trás, vejo que foi um caminho bem sedimentado o que a nova incorporadora trilhou para conseguir galgar tão rapidamente um lugar ao sol nessa importante premiação.

Comecei o RH do zero na Dubai, assim como na MPD. Conduzi a implantação da área com vários benefícios aos trabalhadores, treinamentos e entrevistas para novas contratações. Os sócios até brincam dizendo:

"Agora, estamos montando um time da NASA! Ninguém segura!"

Claro que fico muito feliz ouvindo isso e vendo o impulso que o RH está promovendo na Dubai. Uma organização que se destaca justamente pela vontade dos dois jovens empresários em fazer a coisa certa para criar um clima organizacional benéfico a todos os que estão aos seus cuidados. Eles realmente sentem a responsabilidade de serem empregadores e abraçaram de verdade a causa de implantar um RH forte na empresa. Sim, também de olho no sucesso do negócio, mas com um sentido humano bem aguçado em relação a todos os que dependem do emprego, sob sua égide, para sobreviverem e levarem o sustento às suas famílias.

Quando a diretoria da Dubai decidiu que era o momento de criar uma estrutura de RH para oferecer suporte ao crescimento do negócio, optou pela contratação de uma consultoria externa, quando cheguei. A primeira ação foi realizar o mapeamento da cultura, conhecendo e conversando individualmente com cada colaborador das áreas administrativas de escritório e obras, no intuito de captar os principais anseios das pessoas, suas perspectivas sobre a empresa, pontos fortes e pontos de melhoria. Após a análise desse cenário, os projetos, processos, políticas e programas começaram a ser definidos e implementados.

Iniciar dessa forma demonstrou o respeito e a consideração pela opinião de todos, e a relação de confiança foi sendo estabelecida.

A área de RH passou a participar da reunião semanal com os diretores e gestores, com o intuito de conhecer e atuar em conjunto para a solução de problemas, a divulgação de novos procedimentos e o alinhamento de diretrizes.

Hoje, Arthur e Israel sabem que não adianta contratar simplesmente pessoas que são *experts* em suas áreas se elas não tiverem inteligência emocional nem se adaptarem aos valores da empresa.

Vamos ouvir esses dois jovens que têm o coração afiado no trato com gente e me dão a honra de participar desta obra com suas percepções.

Capítulo 2

COM A PALAVRA, ISRAEL CARMONA DE SOUZA

"O RH é um norte seguro."

"Em um determinado momento, senti que a empresa estava crescendo e que precisávamos de um norte para estruturar a área de Recursos Humanos, criando processos que contribuíssem para nosso crescimento consistente. Eu e meu sócio, Arthur, começamos a pesquisar sobre a implantação dessa área e a pedir referências de um expert para nos ajudar na empreitada. As referências da Lúcia Meili entre os amigos em comum no ramo da construção civil foram as melhores possíveis, então, não tivemos dúvida em contratar os trabalhos dela. Foi uma decisão acertada e já estamos começando a ver os frutos, pois a Lúcia logo compreendeu nosso perfil e sabia o que estávamos buscando para a empresa.

Começamos com um passo atrás do outro, mas de forma contínua, conseguindo atingir resultados que eu considero surpreendentes em pouco tempo. Nem preciso dizer que foi uma grata surpresa termos conseguido a certificação do Great Place to Work em apenas um ano e meio de implantação da área de recursos humanos – e figurarmos no ranking em 4º lugar, nem se fale! A alta pontuação que nossos funcionários nos deram no GPTW nos mostrou o grau de satisfação deles aqui dentro, satisfação com o *relacionamento entre eles, com os gestores e comigo e o Arthur. Esse feito significa uma garantia estrelada de que o trabalho está sendo bem feito e que estamos conseguindo atingir nossos propósitos voltados à gestão de pessoas.*

Não foi à toa, sei disso. Assim que a Lúcia chegou e começou a nos mostrar o universo do RH e a transformação que poderia trazer em nossa empresa, nós arregaçamos as mangas e seguimos nossa determinação de trilhar o caminho da valorização do nosso pessoal.

Na verdade, tanto eu como o Arthur crescemos no ambiente das construtoras – devido à atividade das nossas famílias, já tínhamos a vivência do 'pé no barro', pois acompanhávamos nossos pais, e absorvemos também o aprendizado de que pessoas valorizadas e felizes em suas funções são fundamentais para uma empresa crescer. Foi dessa maneira que assimilamos na prática essa 'cultura das obras', como eu gosto de chamar esse olhar voltado para todos que fazem parte do nosso time. Em outras palavras, eu e o Arthur sempre fomos muito humanos, mas, às vezes, porque tínhamos muitos afazeres, nós não dávamos aquela atenção olho no olho e muita coisa passava batida. Hoje, tudo é mais percebido, e é mais rápido descobrirmos o que está acontecendo em cada setor, tomar pé da situação e abrir um diálogo.

A Lúcia estruturou o setor de gestão de pessoas de uma forma fantástica, além de todo o carinho que ela promove para o colaborador, com relação a premiações, a datas importantes e eventos. São doses homeopáticas de reconhecimento para eles.

Hoje, temos processos e entendimento completo sobre as formas de realmente promover e estender a valorização a todos os colaboradores. Já em 2021, quando da vinda da Lúcia, a Dubai foi certificada no Clima Organizacional pela FIA/UOL, como um dos 'Lugares Incríveis' para Trabalhar. Ganhar prêmio dá um up em toda a equipe!"

O tal time da NASA

"Contratar direito é um ponto importantíssimo, e como a estruturação do RH nos ajuda nisso! Eu diria que é uma arte. Nos últimos anos, a empresa mudou bastante em relação ao tamanho do negócio, não em relação ao faturamento que já estava num bom patamar. Sendo assim, contratamos muita gente, profissionais com mais bagagem em cada área. Pelo volume de contratações, achei que tudo transcorreu com serenidade e agilidade ao mesmo tempo. Isso porque, quando a Lúcia captou nosso perfil, ela fez as entrevistas com os candidatos de forma a trazer colaboradores parceiros mesmo para a empresa. Ela foi muito bem-sucedida nas avaliações dos candidatos e acertou em cheio, especialmente nos profissionais que contratamos para os cargos mais elevados. Ela é dedicada e busca exatamente o que a gente quer, filtrando muito bem antes de apresentar os candidatos que vão ser entrevistados por nós. Ela traz, por exemplo, quatro candidatos e já diz que vamos gostar mais de um em especial, mas não fala antes para não interferir no processo. Quando a gente escolhe e ela revela, sempre dá certinho! E ela explica o porquê. Tudo é muito conversado e isso é ótimo, dá segurança.

O resultado disso é que temos, mais do que nunca, pessoas que não só são competentes, mas que vestem a camisa, que não olham a Dubai como um ambiente em que ela ganha o salário dela e é só isso. Não. A gente busca pessoas que, no jargão popular, carregam o piano com a gente. Gosto muito de quem tem um cargo de diretor, por exemplo, mas está disponível para auxiliar a empresa no que ela precisar, sem melindres, ajudando mesmo a resolver alguns problemas mesmo que estejam relacionados a outra área que não a sua. Claro que todo mundo tem sua função, seu trabalho, sua expertise, mas, no final do dia, o importante é que todos remem para a direção que o barco está precisando ir. Em outras palavras, o que queremos é comprometimento. Faço uma comparação aqui com o futebol. Se o atacante vir que o zagueiro se machucou, ele vai dar uma força na zaga e tenta resolver a situação da melhor maneira possível. Então, esse é o perfil que a gente busca e que já temos em nossos quadros: pessoas competentes nas suas áreas, mas que se preocupam com a empresa como um todo e conosco também; pessoas que nos valorizem, assim como nós os valorizamos. Eu e meu sócio usamos muito a frase: 'Nós valorizamos quem nos valoriza. Quando a pessoa olha para nós como parte da família dela, é o melhor dos mundos. Enfim, queremos menos status, menos títulos e mais trabalho.'"

Custos x investimento

"Logo que a Lúcia chegou, eu dei carta branca para ela, mas confesso que não entendia realmente a dimensão do que ela queria fazer na empresa. Não vou negar que, num primeiro momento, achei que representaria muita despesa, mas aí chegou o momento em que eu vi que acabaríamos colhendo muitos frutos, não só financeiros, mas em relação ao clima organizacional, em relação à qualidade de vida de todos. Compreendi que era de extrema importância tudo o que Lúcia propunha e o melhor mesmo foi deixá-la fazer as coisas do jeito dela. Não demos só carta branca, mas impulsionamos os pedidos dela em relação à equipe e à empresa, endossamos o que ela estava implantando e aí as coisas rolaram de forma bem ágil e com muito sucesso. Eu meço o sucesso das ações da Lúcia pela forma com que ela conseguiu a adesão de todo o pessoal às suas ideias, além da mudança da forma de pensar da empresa em relação ao RH e seus benefícios.

Hoje, eu já não enxergo a implantação dessa área como um gasto, mas como um investimento com retorno positivo para a empresa e para todos que trabalham aqui. Todos se beneficiam com um relacionamento de respeito, um bom clima organizacional, com o simples fato de vermos mais sorrisos nos rostos e a sensação

Com a palavra, Israel Carmona de Souza

de que aqui se trabalha feliz. O benefício chega também ao nosso produto, que é feito com a excelência de quem quer dar o seu melhor para deitar a cabeça no travesseiro à noite e dizer: 'Estou orgulhoso de ter feito um bom trabalho'.

Sim, demos um passo importante e fundamental, sei que estamos no caminho certo com a implantação de um RH forte pelas mãos da Lúcia, mas eu também sei que não acontece tudo de uma vez, não é algo que você chega e já está pronto, mas é uma construção. Este é um investimento com resultado garantido, no entanto, não em curto prazo: um mês, dois meses... Devagarinho, você vai sentindo a diferença nos corredores, nas obras e na vida de todo mundo que está à sua volta. É importante pensar na transformação do RH dessa forma.

Eu gosto de números e métricas e vejo que a produtividade melhorou na Dubai, pois a área de recursos humanos criou um círculo virtuoso que proporciona uma entrega melhor dos funcionários. Se ele entregava 60%, agora se sentindo mais valorizado, passou a entregar 80%. No final, a empresa como um todo gira mais rápido, produz mais."

De saltar aos olhos

"A meu ver, esse avanço que veio com o RH ao estilo Lúcia Meili não é nada abstrato. É visível. É concreto. É consistente. Tudo o que a Lúcia trouxe, nós abraçamos com gosto. Agora, sendo bem sincero, quando começou esse processo de RH na empresa, eu sempre tive uma certa resistência, imaginei que fosse uma coisa para inglês ver. A gente faz uma ação aqui, outra ali, dá um 'migué', e no final, ninguém nota diferença nenhuma. Acontece que não foi nada disso: as ações são implementadas, as coisas acontecem, têm uma continuidade e têm um retorno. Não é pura e simplesmente um eventozinho, uma festinha, um brindezinho. Não! É algo que entra, vai *agregando ao negócio, vai se tornando robusto e muda a cultura da pessoa em relação ao trabalho.*

Uma consequência desse movimento é que a pessoa que não se enquadra nessa nova cultura começa a perder espaço. Quem não rema do mesmo lado não consegue ficar num time coeso e num clima colaborativo. Por outro lado, uma pessoa que porventura estava desanimando ou meio desmotivada, nós conseguimos salvar, pois ela entende que tem chance para ela na empresa, que ela será ouvida e poderá crescer. O funcionário que se sente prestigiado e que pode dialogar, sem se fechar, não só mantém o emprego, mas fica feliz cada vez que aprimora seu trabalho. Sendo assim, esse profissional vai trabalhar mais anos conosco. E é isso que queremos: pessoas que trabalhem conosco por longos anos sempre motivadas e valorizando a empresa onde trabalham."

Liderança consolidada para descentralizar

"Eu e meu sócio fundamos nossa empresa com 19 anos. Há muito tempo estamos acostumados a liderar nossa equipe e a delegar funções. Hoje com 32 anos, posso dizer que muitas coisas já estavam prontas em mim no perfil de líder. Mas, de muitas formas, a Lúcia me ajudou a descentralizar algumas tarefas, dar mais autonomia aos gestores e mais liberdade para as pessoas; enfim, ela me ensinou a ser um líder um pouco mais easy going[23], mais leve, que deixa cada um fazer seu trabalho e confia mais na equipe. Essa postura não só reforça a confiança de todos, mas me deixa mais tranquilo.

Antes, eu olhava mais os resultados de cada área. Hoje, eu olho para os resultados, é claro, mas cuido muito mais da questão humana, me preocupo se as pessoas que trabalham conosco estão se realizando profissionalmente, estão tendo qualidade de vida aqui den-

---

23 De trato fácil.

tro. Então, um foco que era basicamente voltado ao trabalho, hoje é mais completo e, dessa forma, eu e o Arthur dispomos de mais tempo para termos uma visão estratégica do negócio, ou seja, não precisamos apagar mais tanto incêndio. Cada área cuida do seu incêndio, porque cada área está suficientemente estruturada e com pessoas capacitadas para isso.

Portanto, não tenho dúvidas de que o antes e o depois da implantação do RH na empresa são incomparáveis. Tivemos um ganho enorme. A expressão é forte: foi da água para o vinho. A gente criou um setor e criou um olhar que antes era ao vento. Não que fosse uma empresa ruim, era naturalmente acima da média no tratamento das pessoas, mas faz toda a diferença colocar no papel e criar processos para avaliar tudo o que tínhamos e para onde deveríamos evoluir na questão da gestão de pessoas e em outras mais.

O RH evita que sejamos inconstantes em algumas atitudes relativas aos nossos colaboradores; agora virou padrão e é muito mais difícil ter injustiças em relação a aumentos salariais, por exemplo. Digo isso porque, às vezes, você acaba valorizando mais o funcionário com quem tem mais contato e não enxerga que, ao lado, há um outro funcionário trabalhando com excelência e o qual você não está valorizando porque não está tão próximo de você no dia a dia. Isso acontecia por falta de tempo, de visão, de contato diário. Agora, temos gestores em cada área, que avaliam de perto os funcionários da sua equipe e nos dão as informações necessárias."

Com o ânimo lá em cima!

"Eu acho que meu ânimo aumentou, porque estando num ambiente feliz você fica mais feliz também; num ambiente leve, você fica leve, é contagiante. Eu e o Arthur sempre fomos proativos e *animados, apesar dos problemas, e parece que agora todos estão nessa mesma sintonia. Saber que você tem tantas pessoas sob a sua égide e que pode colaborar para que elas tenham uma vida melhor é recompensador.*

Hoje, está bem definido para mim o seguinte: tenho sonhos e metas para crescer, mas de forma sustentável. Nós colocávamos no mercado um empreendimento por ano, depois, dois. Nos últimos anos, estamos lançando de cinco a seis, com a empresa saudável e resultados positivos. Enquanto estiver assim, vamos acelerando. Mas devo dizer algo que, de certa forma, me aflige. Com todos os benefícios que implementamos na empresa, ficou tão bom que o pessoal vai se acostumar, é natural; e se a situação do país num dado momento não permitir que mantenhamos tudo? Não estou apontando um ângulo negativo, mas só manifestando uma preocupação com a situação econômica do país, e até mundial.

O importante é termos um norte bem definido. Mais do que ganhar dinheiro e comprar bens materiais, eu enxergo que minha missão é manter a nossa empresa girando para o bem de todos os nossos funcionários, gente que depende do trabalho que tem aqui. A noção dessa responsabilidade me move e me faz manter o comprometimento com eles. Isso é revigorante, pois é algo que está em constante movimento e você tem que trabalhar bem para manter tudo o que conquistou. É uma missão que vai além de ter sucesso no negócio e atinge um grau mais elevado de ter sucesso no ambiente saudável da sua empresa, que, dia após dia, beneficia a todos.

Vejo que o RH é como plantar uma semente e cuidar da planta que nasce até que ela vire uma árvore frondosa, que torna o ambiente acolhedor para todos."

Capítulo 3

COM A PALAVRA, ARTHUR LUIZ RAMOS

"Com o RH, tudo funciona como um reloginho suíço: você trabalha, o funcionário trabalha e as coisas vão acontecendo."

"A Lúcia revolucionou a empresa! Na primeira reunião, já gostamos muito do papo, porque ela trouxe muitas ideias inspiradas e apresentou, superentusiasmada, todos os projetos que poderiam ser implantados na Dubai. Eu e o Israel pensamos: queremos crescer do jeito certo, então, vamos aderir às ideias da Lúcia, que já foram exitosas por todos os lugares onde ela passou. Embarcamos na hora, porque, sem dúvida nenhuma, todo e qualquer negócio é 100% gente. O pessoal estar unido, trabalhando feliz, só pode dar certo, não tem segredo: tem que estar todo mundo na mesma sintonia, e o RH forte na empresa era o salto que faltava. E tudo correu bem porque eu e o Israel temos uma metodologia muito clara: se é bom, a gente olha para frente e faz acontecer.

Até coisas que eu nem imaginava a Lúcia ajudou a clarear e enxergar de forma sistêmica na organização. A questão da definição de metas foi uma delas. Isso trouxe mais clareza para os gestores também sobre o que a gente quer da empresa daqui a um ano, daqui a dois anos, daqui para frente."

Parte 3 • Case Dubai • Capítulo 3

Uma simples máquina de café no corredor

"É importante dizer que nós já tínhamos uma boa relação com os colaboradores e entre eles também havia harmonia; mas as sacadas da Lúcia melhoraram ainda mais o astral. Uma das ideias simples em prol do bem-estar do pessoal foi a instalação de uma máquina de café com várias opções de bebida quente, e tem as frutinhas também em um aparador, para servir de lanche da manhã para eles. Sim, parece bobagem, mas é um carinho que o funcionário gosta de ter. Claro que implantamos também os benefícios de peso: a Lúcia nos orientou e deu todo o suporte para estendermos o plano de saúde para todos, não só para o pessoal do escritório. Isso foi uma virada de chave sensacional! Hoje, se o ajudante lá na obra precisa de uma consulta, ele tem essa possibilidade.

Uma iniciativa de sucesso que ela já tinha implantado em outras empresas por onde passou foi a escola para alfabetização nos canteiros de obra. Como é legal poder dar essa oportunidade aos nossos colaboradores. Estamos desenvolvendo esse programa há pouco tempo e já está crescendo a adesão por parte dos operários. E é bastante emocionante ver aquele pedreiro ou aquele ajudante que não sabia nem escrever o nome ficar feliz quando aprende. A gente fica feliz também, é muito bacana.

Quando a Lúcia entrou e começou a colocar esses pontos de melhoria e tal, a jogar as ideias na mesa, eu falei: 'Meu, isso é investimento! O Israel é um pouco mais comedido nessas horas. Não que eu seja 'gastão' (rs), mas eu vi o potencial daquilo logo. O bem-estar do nosso colaborador é investimento, na certa. A gente viu qual seria o custo de todo o pacote para não sair do nosso limite, mas foi tranquilo."

Com a palavra, Arthur Luiz Ramos

RH transformador

"O RH é transformador, não tenho dúvida disso, é dali que nasce essa união de propósito na empresa. O RH é fundamental, é gente, é a essência do negócio. Nem precisa pensar muito para entendermos que o colaborador feliz aqui dentro vai entregar mais. Além disso, se ele está contente com a forma que a empresa o trata, ele se senta numa roda de amigos e fala: 'Minha empresa tem plano de saúde, tem cafezinho, achocolatado e fruta de manhã, tenho o meu day off no dia do meu aniversário... e vai listando os benefícios e se entusiasmando com o que faz. Esse funcionário vai voltar para casa feliz também. São vários benefícios que a gente foi montando, agregando e vendo os resultados. Lógico que temos os problemas do dia a dia, mas acho que a grande maioria do pessoal tem orgulho de trabalhar na organização.

Se o cara se levanta de manhã e diz 'vou ter que trabalhar numa empresa que só me cobra, todo mundo é mal-educado, não sou valorizado', será que ele vai puxar a corda para o mesmo lado?

Antes, nós tínhamos apenas um departamento pessoal e não tínhamos a visão da importância do RH. Com o impulso de crescimento da empresa, ficamos com receio de acrescentar custos e depois termos que voltar atrás. Mas vimos que o crescimento foi indo, foi indo, e se tornou constante. Nesse momento, a Lúcia entrou em cena e abriu nossa visão. Vimos a diferença claramente. O próprio funcionário, quando vê que a empresa está crescendo, começa a pedir cursos e a querer melhorar também. Uma coisa puxa a outra e a Lúcia organizou e formatou todas as ações nesse sentido. Nada é jogado, mas pensado e decidido. Hoje, nós promovemos o desenvolvimento do funcionário pagando o curso de especialização inteiro ou uma parte. É um reloginho suíço, você vai fazendo do seu lado, o funcionário vai fazendo do lado dele e as coisas vão acontecendo."

Parte 3 • Case Dubai • Capítulo 3

Virada de chave

"A Lúcia é fera! Eu falo que, às vezes, no crescimento da empresa, você olha as vendas, o custo da obra, os resultados, mas o RH, que é a essência do negócio, você deixa para trás. Vejo empresas de amigos meus que não têm o carinho devido com a área de recursos humanos, e é dali que brota o sucesso do negócio. Nesse sentido, a Lúcia deu aquela virada de chave.

Eu volto mais feliz para casa agora, porque digo: 'Estou cuidando bem das pessoas que trabalham comigo'.

Sabe, ontem, nós fizemos uma reunião geral com o pessoal do plantão de vendas, pois temos uma equipe própria, além dos outros parceiros nessa área. Saí da reunião 'realizadaço'! Enviei uma mensagem para o corretor da imobiliária agradecendo, falando que estava feliz com tudo o que estava acontecendo, que plantamos e colhemos os frutos. Todo mundo estava feliz nessa reunião, porque batemos a meta deste mês. Agora, vamos fazer um trabalho com a Lúcia para levar a essência que a gente tem aqui dentro da Dubai para o pessoal de Vendas, para eles se sentirem parte mesmo da empresa. O pessoal de corretagem é muito rotativo, já que existem muitas imobiliárias e, às vezes, não há esse carinho com a incorporadora. Em vista disso, nós queremos colocar na cabeça dos corretores que nós damos valor a eles e que eles são especiais e essenciais para o sucesso da organização. Vamos fazer treinamento, dinâmicas de autoconhecimento e motivação para toda a turma. Queremos que todos tenham uma performance melhor e fiquem conosco por mais tempo.

Essas mudanças todas não estão acontecendo por acaso. A Lúcia ouve todo mundo, não é aquela pessoa que diz: 'Eu tenho experiência, já sei tudo'; ela não entrou de nariz empinado e falou: 'Vai ser assim e pronto'. Ela ouve as ideias e é bem tranquila, não impor-

ta se o assunto é estratégico ou corriqueiro, e consegue abraçar o time com jeitinho, simplicidade e competência; é por isso que, no final, todo mundo adere às ideias dela.

Eu e o Israel nos sentimos mais tranquilos por ter uma estrutura onde podemos não estar presentes o tempo todo, uma estrutura formada por um time excepcional. A Lúcia é nossa headhunter de primeira linha, trazendo bastante gente gabaritada aos setores em que precisávamos melhorar. Ela seleciona os profissionais de cada área na risca e entendeu nosso jeito. De vez em quando, ela fala:

'Tecnicamente essa pessoa é boa, mas não é para o ritmo de vocês'.

A seleção dela é personalizada. Hoje, posso dizer que temos as pessoas certas no lugar certo. Lógico que todo dia temos que nos empenhar para melhorar, mas estamos com todos os setores estruturados e afinados. Estou certo de que, quando os colaboradores se doam mais à empresa, eles sentem a responsabilidade de fazer um bom trabalho como se fossem os donos. O tratamento que nós damos a eles faz com que vistam a camisa da Dubai de fato; o resultado é que hoje temos gente capacitada que carrega o piano conosco. A diferença de toda empresa é ter gente de confiança. O time ficou muito feliz também porque ganhamos prêmio pela excelência do RH. No fundo, mais do que para os donos, os prêmios são para os funcionários. Eles se sentem realizados por fazerem parte e terem contribuído para que a empresa se destacasse. Sermos certificados pela FIA/UOL como um dos "Lugares Incríveis para Trabalhar" por causa do nosso clima organizacional maravilhoso. E, em 2022, conquistamos o quarto lugar no ranking de Barueri pelo Great Place to Work. O funcionário pensa: 'Além de todos os benefícios, a empresa é certificada'. Isso levanta o ânimo das pessoas e é uma chancela que referenda a cultura da empresa."

Refinando a escuta

"Eu e o Israel sempre prezamos pelo relacionamento estreito com o nosso pessoal. Posso dizer que somos bem humanos e percebemos que as pessoas realmente trabalham de coração aqui. Há uma reciprocidade nesse relacionamento. Tenho para mim que é preciso olhar para a pessoa que está atrás do funcionário, isso é importantíssimo, pensar na qualidade de vida daquela pessoa. Claro que é mais fácil com os funcionários do escritório, mas não é impossível ter esse olhar também voltado ao pessoal das obras.

Sabemos que uma questão muito importante é ouvir de verdade o funcionário quando ele quer apresentar uma ideia, quando ele está com alguma novidade do mercado. Eu paro para ouvir todo mundo, quer a ideia tenha a ver com um projeto importante, quer ela seja sobre algo simples do cotidiano. Quer um exemplo? Outro dia, a faxineira veio me falar como poderíamos economizar nos produtos de limpeza, olha que legal. Ela compreendeu perfeitamente que estamos aqui numa via de mão dupla que favorece a empresa como um todo.

Uma ideia que o pessoal trouxe e que nós aderimos foi fazer uma videoteca nas obras. Nós filmamos o pedreiro ou outro funcionário trabalhando e realizando um processo do começo ao fim. Fazemos, por exemplo, o assentamento dos azulejos na obra, etapa por etapa; e esse vídeo vai servir para o aprendizado dos outros profissionais que vão fazer o mesmo trabalho em outras obras. Dessa forma, ensinamos o nosso padrão de trabalho, isso porque existem etapas em outras construtoras que são diferentes das nossas.

Então, acho que ouvir o funcionário faz toda a diferença aqui dentro. Quando a gente ouve e executa a boa ideia que o cola-

borador trouxe para nós, é fantástico, pois ele se sente dono da invenção, do resultado que aquilo proporcionou, e ele se sente orgulhoso e realizado por isso, não por ego, mas por ficar feliz com sua participação ativa em algo que está dando certo na empresa. Por essas e outras que eu sempre incentivo: venha aqui à minha mesa, fale o que você pensa, fale das suas ideias, novidades, diga o que você acha que tem que ser ajustado... Se faz sentido, a gente põe em prática e o sorriso no rosto do funcionário é garantido. Sei que existem empresários que perdem grandes oportunidades porque não ouvem os colaboradores e acham que só eles podem ter ideias. Eu acho que temos que colocar boas ideias para rodar, não importa a origem delas!

Devemos sempre refinar a esculta. Essa é nossa dinâmica: ouvir todos que nos trazem ideias e colocá-las para rodar na empresa. As pessoas têm que se sentir à vontade para falar."

"Nossos valores e a missão eram algo pró-forma, mas agora tudo é cultural. Cada frase, que criamos em reuniões de alinhamento com a Lúcia, foi pensada desde os donos até os gestores; então, todo mundo se envolveu e deu opinião, não são frases que uma empresa pega da outra na internet. É bem verdadeiro mesmo e nós nos balizamos por tudo o que colocamos no papel."

Israel Carmona de Souza

"Os valores da empresa ficaram mais fortes e organizados, com certeza. E tudo envolve o RH, porque prezamos por deixar o funcionário realizado."

Arthur Luiz Ramos

CAPÍTULO FINAL

Ao final desta obra, que considero uma conversa sobre minha vida, carreira e aprendizados, manifesto o sincero desejo de que estas páginas tenham feito bem a vocês, caros leitores, independentemente de terem concordado comigo ou não.

Que sirva de motivação, reflexão, de um caminho para se aprimorar sempre em sua vida, não só profissionalmente, mas em seu dia a dia, na sua busca por um ambiente de trabalho melhor para todos, por um mundo melhor.

Foi essa a minha intenção ao escrever este livro, *O RH como Transformador de Vidas e Empresas*. Cada um de nós é capaz de transformar para melhor o mundo em que vivemos, quer sejamos gestores de RH, quer sejamos empresários ou profissionais liberais, pois somos seres humanos antes de mais nada e estamos todos no mesmo barco.

Ver cada pessoa sob a perspectiva da integralidade do ser é meu propósito inicial de vida, um princípio que permeia minha caminhada.

Obrigada pela leitura!

Lúcia Meili

"Caminhante, são teus passos o caminho e nada mais; caminhante, não há caminho, faz-se caminho ao andar..."

(Antonio Machado)